超越自我的
人生心理学

刘洋◎编著

吉林出版集团股份有限公司

图书在版编目（CIP）数据

超越自我的人生心理学 / 刘洋编著. — 长春：吉林出版集团股份有限公司, 2018.3
ISBN 978-7-5581-4092-1

Ⅰ.①超… Ⅱ.①刘… Ⅲ.①人生哲学—通俗读物 Ⅳ.①B821-49

中国版本图书馆CIP数据核字(2018)第037843号

超越自我的人生心理学

编　　著	刘　洋
总　策　划	马泳水　齐　琳
责任编辑	王　平　史俊南
封面设计	源画设计
开　　本	880mm×1230mm　1/32
印　　张	9
版　　次	2019年1月第1版
印　　次	2021年5月第2次印刷
出　　版	吉林出版集团股份有限公司
电　　话	（总编办）010-63109269
	（发行部）010-67482953
印　　刷	三河市元兴印务有限公司

ISBN 978-7-5581-4092-1　　　　　定　价：39.80元
版权所有　侵权必究

前 言

  中国历史上最伟大的教育家孔子曾经说过："名不正则言不顺，言不顺则事不成。"换成现代汉语来说就是在行动之前，必须探讨"概念"。

  在书中，我们所要探讨的概念是"成功"。成功并没有一个固定的标准，但是有一个比喻非常贴切："成功就是躺在破烂的床上诞生，躺在豪华的棺材里下葬。"成功与进步的根本区别是程度上的不同：成功是一种大跨度的、持久的、稳固的进步。所以一名出身贫寒的普通工人成为某家企业不可或缺的技术人员，这是一种成功；但是作为企业继承人的经理把祖业保持下来，就很难算是成功，除非他遇到了前所未有的竞争挑战。

  在人类历史上相当长的时间里，成功者主要是依靠自己的肌肉，在狩猎中取得更多的猎物，或者在播种时取得更多的作物。就像有的作家描写的那样："力气大，等于握着手枪；跑得快，等于开着汽车。"这样的人可以积累财富，并获得他人的敬仰。后来人们发明了各种各样的工具来代替体力劳动，成功开始更多地依赖知识和经验的积累，比如懂得驾驶帆船的人可以成为船长，而四肢发达、头脑简单的人只能当水手。

  然而在今天，随着信息科技的发展，学习知识也变成了一件

超越自我的人生心理学

很平常的事情。那么，什么样的人才能脱颖而出，戴上成功的桂冠呢？

心理学作为一种科学直到19世纪才得到长足的发展，开始主导成功者的人生。

现在公认的科学心理学诞生于1879年，并且很快就被应用在由"人"参与的各个领域。成功心理学作为心理学的一个分支，它的研究对象也是"人"，具体地说，就是"成功的人"。

成功心理学从心理学的视角，用心理学的方法，研究那些被公认为成功的人，研究他们存在什么样的心理因素，这些心理因素在他们成功的道路上起到了什么样的作用，其中有没有普遍的且可以为他人借鉴的规律。成功是目标的实现，但是成功心理学不仅关注目标实现的结果，更重视目标实现的过程，特别是在目标实现过程中心理因素的作用。

到目前为止，成功心理学家研究发现，影响一个人成功的心理因素很多，如敏锐的感觉、稳定的注意力、深刻的理解力、持久的记忆力，成功者必须能够抑制需要，维持动机，控制情绪。随着成功心理学研究的不断深入，人们对影响成功心理学的因素有越来越多的认识，但直到现在也没有一个系统的结论。

比如说，很多人在睡梦中产生了一个想法，并且通过实现这个想法取得成功。那么"梦"这种心理现象与成功之间的关系是不是偶然的呢？答案众说纷纭。

抛开没有最终结论的研究或者那些似是而非的伪科学（比如星座运程和血型性格理论），我们向大家介绍了成功心理学的主要成果，包括人格特征、情绪心态等因素对成功的影响，以及如

前　言

何利用人际关系，超越心理障碍，发挥心理潜能等。

因为心理学是一门基于分析——归纳的科学，所以我们选择了23个常用的简易心理测验，帮助读者了解自己的心理情况，因人制宜，对症下药。

最后，我们要提醒所有拥有远大志向的人：健全的心理状态是成功的保障，但成功并不能只依靠心理因素的作用，强健的体魄、丰富的学识，加上脚踏实地的行动，才能将成功的桂冠收入囊中。

目 录

第一章 释放潜能是成功之始 …………………… 1
潜意识的力量 …………………………………… 2
强烈的欲望促进潜力爆发 ……………………… 4
心理测验一：成功欲望 ………………………… 7
皮格马利翁效应与自我激励 …………………… 10
瞄准目标出击 …………………………………… 13
成就险中求 ……………………………………… 16
心理测验二：冒险精神 ………………………… 19
规划成功的人生 ………………………………… 22
价值认知决定奋斗方向 ………………………… 25
成功目标确定法 ………………………………… 31
成功依赖于果断的行动力 ……………………… 34
心理测验三：行动意识 ………………………… 38
胜利孕育在坚持中 ……………………………… 40
将压力转化为动力 ……………………………… 43

第二章 在人际关系中发掘财富 ………………… 47
人不能脱离群体而存在 ………………………… 48
贵人离你并不远 ………………………………… 51
心理测验四：交往能力 ………………………… 54

我为什么要听你的？……………………………… 58
发挥情绪的感染力 ……………………………… 61
心理测验五：影响力 …………………………… 65
留下良好的第一印象 …………………………… 69
互相悦纳是合作的基础 ………………………… 73
心理测验六：包容力 …………………………… 75
信任铸成友好的大厦 …………………………… 79
心理测验七：信赖指数 ………………………… 82
交往需要润滑油 ………………………………… 86
心理测验八：冲突管理能力 …………………… 89
亲和力训练 ……………………………………… 93

第三章 健全人格是成功的护身符……………… 97
戴上面具的成功者 ……………………………… 98
性格的成因和类型 ……………………………… 101
心理测验九：职业个性 ………………………… 104
塑造完美气质 …………………………………… 111
探究成功者的人格特质 ………………………… 114
人格异常成因与优化途径 ……………………… 117
心理测验十：性向测试 ………………………… 120
内向型性格的完善之道 ………………………… 123
沉静者需要立即行动 …………………………… 126
自我克制也要避免机遇流失 …………………… 128
选择性敏感是成功秘诀 ………………………… 130
遇事倔强，遇人和顺 …………………………… 133
外向型性格的改善方向 ………………………… 135
好胜不必争强 …………………………………… 137

目录

智勇双全方可得胜 …………………… 139
化戾气为祥和 ………………………… 140
人格的测量与感知 …………………… 143

第四章 心有所想，事有所成 …………… 147

在单调中寻找工作的乐趣 …………… 148
不要被成功欲望绑架 ………………… 151
当心被名利遮住双眼 ………………… 154
Just Do It！事在人为！ ……………… 156
心理测验十一：自信心 ……………… 160
缺陷不是成功的障碍 ………………… 163
过犹不及的自我肯定 ………………… 165
心理测验十二：自负心理 …………… 169
全局考虑最高效 ……………………… 171
心理测验十三：大局观 ……………… 174
时间是无尽而有限的资源 …………… 176
求人不如求己 ………………………… 179
心理测验十四：自主性 ……………… 182
面对困难要放声大笑 ………………… 185
心理测验十五：乐观度 ……………… 188
不要让心态随他人摇摆 ……………… 190
健康地享受成功 ……………………… 193

第五章 选择与放弃的艺术 ……………… 197

鱼与熊掌不可兼得 …………………… 198
每个选择都包含着放弃 ……………… 201
万事开头难 …………………………… 204
能人如钱，内方外圆 ………………… 207

心理测验十六：处世能力 ………………… 210
　　得让人处且让人 …………………………… 213
　　心理测验十七：敌对情绪 ………………… 215
　　迂回应变，顺其自然 ……………………… 218
　　心理测验十八：固执程度 ………………… 221
　　身后有余要缩手 …………………………… 224
　　创业容易守业难 …………………………… 228
　　交友需要慎重 ……………………………… 231
　　如何作出艰难的选择 ……………………… 234

第六章　超越自我，成就梦想 ……………… 238
　　解析心理障碍 ……………………………… 238
　　跨越障碍的意志力 ………………………… 241
　　心理测验十九：意志力 …………………… 244
　　成功需要脚踏实地 ………………………… 247
　　剥开虚荣的画皮 …………………………… 251
　　心理测验二十：虚荣 ……………………… 254
　　无端猜疑消解人际优势 …………………… 255
　　心理测验二十一：猜疑 …………………… 259
　　成功路上警惕"红眼病" …………………… 260
　　心理测验二十二：嫉妒 …………………… 264
　　成功≠完美 ………………………………… 268
　　突破单一能力 ……………………………… 271

总结性测验 ………………………………… **275**
　　心理测验二十三：成功可能性 …………… 275

第一章　释放潜能是成功之始

一天晚上，一个人走近路穿越墓地，一不留神掉进刚刚挖好的墓穴中。因为墓穴很深，泥土又湿滑，他几经努力还是没能爬出来。筋疲力尽之后，他只好在角落里蜷缩成一团，昏昏沉沉地睡着了。恰巧的是，又有一个家伙也不幸载入其中。在耗尽了力气之后，同样得出了无法逃出墓穴的结论。

就在这位老兄四处折腾的时候，睡着了的那位被惊醒了。他隐藏在墓穴黑暗的角落中，用一种低沉而焦躁的声音说道："你永远无法逃出这里。"猛然听到"空荡荡"的墓穴中发出地狱般的声音，第二位仁兄大受惊吓，他几乎没有迟疑，便纵身跳出了墓穴，一路飞奔地跑回了家。

成功，在某种意义上意味着超出自身能力的发挥。比如说一个身高2米的人能够扣篮，这不算是成功，而身高只有1.6米的人如果做到这一点，就是成功。

所有渴求成功的人都应该了解，这种超出常规的能力其实就蕴含在自己身上，心理学上称为"潜能"，也就是潜在的能力。比如这两个倒霉的人，后者并不是依靠别人帮助跳出墓穴的，而是在应激状态下发掘了自己的潜力，才成功逃脱困境。

潜意识的力量

一位农夫看到14岁的儿子开着轻型卡车翻倒在水沟里。他大为惊慌，急忙跑到出事地点，看见他的儿子被压在车子下面。农夫身材并不高大，但是他毫不犹豫地跳进水沟，把车子抬起了将近半米高，足以让另一位赶来援助的人把孩子从下面拽出来。

等到孩子被送往医院，农夫开始觉得自己的能力不可思议。由于好奇他就再试了一下，结果根本就搬不动了那辆车。

弗洛伊德说，冰山浮在海平面可以看到的一角，是意识。而隐藏在海平面以下，看不见的更广大的冰山主体便是潜意识。根据现代心理学理论，所谓意识，是人所特有的反映客观现实的高级形式。而潜意识，是指人没有意识到的心理活动。心理学家弗洛伊德和布洛伊尔在治疗癔病时发现，患者不能意识到自己的一些情绪经验，但是在催眠状态中，却能够回忆起自己有关病症的经验，并且感到心里舒畅。

同样，正常人也有很多心理能力是自己体察不到的。例如，科学家发现，人类贮存在脑内的能量大得惊人，但是到目前为止，人类普遍只开发了大脑的5%，约有95%的大脑潜能尚待开发与利用，即使像爱因斯坦这样的科学精英其大脑的开发程度也只达到13%左右。要是能够发挥一半的大脑功能，那么就可以轻易地学会40种语言，背诵整本百科全书，拿下12个博士学位。如果能够察觉到这些能力并加以开发，成功就不是难事。

尽管可以通过实验定性测量人体的极限，但无法定量。也就是说，人的潜能具有不确定性，要到什么程度才算是极限，是无

第一章　释放潜能是成功之始

法定量的。譬如以前跑 100 米时，有人预测极限是 10 秒，但现在田径场上百米世界纪录达已达到了 9.79 秒，同时还有很多运动员在为突破这个纪录而努力。

【心理研究：潜意识】

根据心理专家测定，潜意识的力量是有意识力量的 3 万倍。人脑兴奋时，只有 10%～15% 的脑细胞在工作，可储存多达 10 个信号，而留在记忆中的却只有少部分。所以正常人的阅读速度为每小时 30～40 页，经过训练的人却能达到每小时 300 页。可见，通过发掘隐藏在人体内的潜在力量，人类可以克服许多遗传性的弱点。

生理潜能的发挥也离不开心理因素，要想达到人体所蕴藏潜能的极限，必须具备良好的心理素质。稳定的人格，没有偏激、猜疑，拥有积极向上的生活态度和心态，都是开发人体潜在力量的前提。人通过提高认识、学习技巧、培养感受力和领悟力、坚强意志等方法，在积极开发人的心理潜能的同时，也能带动生理潜能的共同开发。因此，从广义角度，任何的潜能都属于心理潜能。

在古代，人们就已经学会了通过一些途径去考察人的潜能。古罗马的将军们在评价士兵的战斗能力时，奉行一条简单的标准：在危急时刻看士兵的脸色是发红还是发白，脸色发白的士兵常被委以重任。将军们根据经验认为，紧急情况下脸色发白的士兵大多冷静、坚忍，具有必胜的信念；而脸色发红的士兵在紧要关头容易动怒，或易陷入惊慌、恐惧，这类人在日常生活中往往过于自信。

这种古老的观点未必没有科学依据。现代科学家发现，人体的肾上腺能够分泌两种激素：肾上腺素和去甲肾上腺素。脸红者的肾上腺素水平较高，这种状况会使人在遇到困难后容易产生不安或恐慌。去甲肾上腺素水平较高者，在遇到困难后容易脸发白，这种激素会使他们在精神负担下保持生理和心理的平稳。因此，研究人员也在寻求合理调控上述激素水平的方法，以求控制人们的某些精神状态和潜在的能力。

借助心理测试、描记心动图、测动脉血压和脉动等科学途径，研究人员能够监测人在一定情景下所表现出来的潜能和弱点。在获悉这些情况后，潜能专家可通过特殊的方法使人逐步克服弱点，发挥潜能。

任何成功者都不是天生的，成功的根本原因是开发了人的潜能。每个人都具有很大的潜能，然而我们很难意识到它的存在。那么，如何才能将潜能释放出来呢？心理学家认为，能够发挥潜能的人都有强烈的欲望。

强烈的欲望促进潜力爆发

退伍军人史蒂文在战争中脊柱受伤，失去了行走的能力，靠轮椅代步20年。他整天坐在轮椅上，觉得此生已经完结。有一天，他不幸碰上三个劫匪抢他的钱包。他拼命呐喊反抗，激怒了劫匪，他们就放火烧他的轮椅。看到轮椅着火，史蒂文好像忘记了自己的双腿不能行走，立刻站起来逃走。求生的欲望竟然使他一口气跑了一条街。

第一章　释放潜能是成功之始

事后，史蒂文说："如果当时我不逃走，就必然被烧伤，甚至被烧死。我忘了一切，一跃而起，拼命逃走，以致停下脚步，才发现自己会走了。"

欲望，在心理学上称为"需要"（need），它是人脑对生理需要和社会需要的反映，是个体心理活动和行为的基本动力。需要和人的活动紧密联系，是行为积极性的源泉，正是这样或那样的需要推动着人积极地活动。比如饥饿时寻找食物，孤独时寻找伙伴，都是在相应需要的推动下进行的。

需要永远带有动力性，它并不会因暂时的满足而终止。有些需要带有明显的周期性，如对饮食和睡眠的需要；有一些需要满足后，会产生新的需要，新的需要又推动人们去从事新的活动，在活动中不断满足已有的需要，又不断产生新的需要，从而使活动不断向前发展。所以爱因斯坦说：想象力比知识更重要，因为知识是有限的，而想象力概括着世界的一切，推动着进步。

【心理研究：需要层次理论】

关于需要的心理学理论中，影响最大的是人本主义心理学家马斯洛的需要层次理论。

马斯洛认为，人类的基本需要是按优势出现的先后或力量的强弱排列成等级的，人类有五种基本需要，即生理需要、安全需要、归属和爱的需要、尊重需要和自我实现的需要。后来他又在尊重需要和自我实现需要之间增加了认知需要和美的需要。

人类的需要非常复杂，一般来说，可分为生理需要和社会需要。社会需要如果长期得不到满足，虽然不会直接危及人的生命，

超越自我的人生心理学

但却有可能导致适应不良，出现某种心理障碍等。例如，交往的需要如果长期得不到满足，会使人感到孤独，并有可能出现交往方面的心理障碍或问题。

人类的基本需要是相互联系、相互依赖和彼此重叠的，它们排列成一个由低到高逐级上升的层次。只有低级需要得到基本满足后，才会出现高一级的需要，只有前面几种需要相继得到满足，才会出现自我实现的需要。最占优势的需要将支配人的意识，并组织有机体的各种能量来满足此需要，而不占优势的需要将被减弱；层次较高的需要发展后，层次较低的需要依然存在，但对行为的影响则逐渐减弱。

生理需要是直接与生存有关的需要。在人类各种基本需要中，生理需要是最基本的，也是最有力量的需要，是其他一切需要产生的基础。如果这些需要中有哪种不能得到满足，就会严重影响个体的正常生活。

对大多数人来说，生理需要是容易满足的。但是，当生理需要无法满足时，往往会引起强烈的欲望。这就是为什么很多成功者都是自幼家境贫寒的缘故。因为他们经常衣食不周，生理需要得不到满足，有着强烈的生存欲望，从而激发了他们的潜力。相反，很多家境富裕的孩子客观上不能产生强烈的生存欲望，他们的需要层次在一开始就比较高。但是随着需要层次的上升，需要的力量相应减弱，产生欲望的强烈程度就会随之降低，不利于潜力的开发。

所以说，成功就需要人在不同的需要等级上都保持强烈的欲望。如果欲望的强度相同，那么需求的等级越高，所得到的成功

第一章 释放潜能是成功之始

就越大。比如说，对于生理需要而言，成功很可能只代表着拥有很多金钱，那么其结果是成为一名普通的商人；对于尊重需要而言，成功代表着拥有令人景仰的地位，结果可能是成为教授或政治家；而对于自我实现需要而言，成功就意味着不断超越自我，其结果是无论在哪种行业，都会成为世界上最杰出的人。

如何才能永远保持一颗进取心呢？你要能够不断地在尝试中找到乐趣，甚至要学会冒险。人们常说：学海无涯，学无止境。同样，任何可以衡量人的价值的指标都是没有上限的。就像100米跑的世界纪录，虽然每次纪录被打破的时候人们总是以为这个纪录是难以超越的，但是仍无法阻止它一次次的被打破。所以，要是自己的进取心不被消磨，就要抛弃名利的衡量，学会欣赏超越本身的乐趣。

心理测验一：成功欲望

人人都追求成功，但财富只是收获的一部分，更重要的是心理上的收获，如被接受、被肯定、拥有权力和个人满足感。在成功的人当中，欲望最强烈的人往往最具企图心，会一心一意追逐他们的目标。本测验衡量人们在追求成功时，努力和自我牺牲的程度。本测验包括25个陈述，每个陈述都与行为和态度有关，仔细阅读每个陈述，看看能否反映自己的个性或态度。

1. 尽可能有效地把每一分钟用在工作上。
2. 每天要做的事情太多了，24小时不够用。
3. 经常利用零碎时间工作，如等电影开场时记账。

4. 把工作交给别人时，总是担心别人不能胜任。

5. 如果熬夜有助于按时完成工作，可以彻夜不眠。

6. 喜欢同时做很多份工作。

7. 经常周末加班。

8. 你比任何同职位的人做更多的工作。

9. 朋友说你工作太拼命了。

10. 总是有一些事务和约会等待处理。

11. 一刻不工作就令你忧心如焚。

12. 经常设定超出能力所及的工作。

13. 认真工作时，与工作无关的一切都抛诸脑后。

14. 很少把工作带回家。

15. 尽可能减少工作时间。

16. 对你而言，工作只是生活中的极小部分。

17. 觉得"多做无益"，很多人怨恨你，因为你多做事让他们显得差劲。

18. 如果可能，根本不想工作。

19. 你的职位可以更上一层楼，但你不想卷入职位竞赛中。

20. 如果打打零工就可以糊口，是最好不过了。

21. 你觉得休假很轻松，你喜欢尽情享受，什么事也不做。

22. 碰到好天气，偶尔你会放下工作，到郊外玩玩。

23. 相信"爬得越高，跌得越重"。

24. 相信懂得花钱就可以不必辛苦工作。

25. 认为整天工作的人非常乏味，不把工作看得太重的人大都比较有趣。

第一章　释放潜能是成功之始

计分表：

	完全不像我	不太像我	很难说	很像我	完全像我
1～13题	1	2	3	4	5
14～25题	5	4	3	2	1

得分在25～51分之间的人要想成功会面对两难的困境：希望成功，却不愿意工作。这样的态度会被视为不正常。你应该决定你是否愿意做些该做的事去完成目标。害怕失败的感觉可能会使你退缩，对行业不够熟悉也可能使你兴趣平平，没有安全感。但是，除非你克服欲望低下的缺点，否则成功的机会微乎其微。

得分在52～77分的人追求成功的动力稍高，但还达不到可以为成功而打算加倍努力的程度。得分略低者倾向于"守株待兔"，宁愿枯坐等待成功的来临。

得分在78～96分的人秉持"有多少做多少"的哲学，不会为了成功而努力过度，但他们会在容易做到的范围内尽量去做。得分中等的你是实用主义者，顺着形势决定动机强弱程度。你最好想想增强成功欲望的好处。把握机会、豁达乐观、工作努力的人才是赢家。

得分在97～107分的人正走在成功的大道上，你会善加利用对自己有利的形势，并鞭策自己去创造机会。得分略高的人企图心更强，并且清楚自己的方向，工作态度认真，会做长期计划。你的自信和精力来自于不变的目标和对行业基本知识的深入了解。

得分在108分以上的人要小心了，因为你已经沦为"工作狂"。获得成功并不是问题，但你的问题是追求的东西永远不嫌多，并且成癖上瘾。你追求更多钱、更多权、更多势。切记，真正的成

超越自我的人生心理学

功在于满足你自己是怎样的一个人,没有必要的成就并不代表真正的成功。

皮格马利翁效应与自我激励

发明大王爱迪生小时候只上了三个月的学就被开除了,老师说他太笨了。但爱迪生的母亲坚信自己的孩子绝对不笨,她经常对爱迪生说:"你肯定要比别人聪明,这一点我是坚信不疑的,所以你要坚持自己读书。"并且亲自辅导爱迪生的学习。在母亲的鼓励和教导下,爱迪生经过不懈努力,成为伟大的发明家。

激励的字面含义就是激发、鼓励。激发是通过某些刺激使人发奋起来,主要是指激发人的动机,使人有一股内在的动力,朝着所希望的目标前进。人的积极性和创造性的发挥与其所受到的激励程度有密切联系。美国著名心理学家W·詹姆斯发现,一个人的能力在平时的表现和经过激励后的表现几乎相差一倍。

从心理学的角度看,积极性是指人行动的心理动力因素。心理动力大,积极性就高;心理动力小,积极性就低。人的积极性的发挥,一般认为取决于两个因素:一是能力,二是动力。而且能力的发挥在很大程度上取决于动力。激发人的动机,使人有一股内在动力,就能达到推动并引导行为使之朝向预定目标的作用,即能调动人的积极性以实现目标。

激励有两种形式:物质激励与心理激励。对于成功而言,心理激励是更为重要的。因为物质激励容易被视为行为的结果,从而使人产生"完成任务"的心理,而有倦怠的感觉。而心理激励

第一章　释放潜能是成功之始

是先行的，不会因为任务的进程而产生影响。激励也有外在激励与自我激励之分。爱迪生的母亲对儿子所实行的就是外在激励，而自我激励因为其信任度更高，所以效果就更强。一般而言，恰当的外在激励能够引发自我激励。

古希腊有一个有名的神话故事。一位年轻的王子名叫皮格马利翁，他很喜欢雕塑。有一天，他雕刻了一个美丽的少女。这个雕像太美了，以至于王子爱上了这个雕像，热切地希望"她"成为一个真正的少女。后来王子的诚心感动了天神，天神就使这个雕像真的变成了一个美丽的少女，和王子生活在一起。心理学上用这个故事命名了一个心理定律——皮格马利翁效应，是指热切的期望能使被期望的人达到期望者的要求。

人们通常这样来形象地说明皮格马利翁效应："说你行，你就行；说你不行，你就不行。"在爱迪生的例子中，他的母亲对他施行了一种心理暗示，就是"你很聪明""你一定会通过自学成才"。这种暗示很强烈，让幼小的爱迪生深信不疑，从而在学习上发挥出了自己的聪明才智。

【心理研究：罗森塔尔和雅可布森实验】

美国心理学家罗森塔尔和雅可布森在一所小学里，针对6个年级共18个班的学生，进行了所谓的"发展测验"。测验结束后，他们给每个班级的教师发了一份名单，并告诉教师说，这名单上列出的是班上最有优异发展可能的学生。8个月以后，心理学家对所有学生的学习成绩进行了追踪检测。结果发现他们提供给教师的名单上的那些学生，学业成绩有了显著的进步。其实，这些

超越自我的人生心理学

所谓的"更有发展可能"的学生是随机抽取出来的。

著名心理学家班杜拉还提出了自我效能（self-efficacy）理论。他认为可以通过以下途径来培养个体的自我效能感。首先是适当的外部强化，因为外部强化能促进任务的完成，激励个体不断奋斗。而且外部强化可以使个体看到自己的进步，提高对自我能力的判断。及时的自我强化以自我奖励的方式激励或维持一个人达到某一目标，目标的实现可以提高自我效能感。

为什么这种自我期待心理可以产生如此大的作用呢？因为信任在人的精神生活中是必不可少的，它代表一种对人格的积极肯定与评价。每个人都有被别人所信任的需要，而当这种需要得到满足的时候，人们就会感到鼓舞和振奋，就容易发挥出自己的潜力。

人类的本性中，有一种强烈的倾向，就是希望能彻底变成自己想象中的样子。我们一切的表现，完全是思想的结果。可见思想具有决定命运和结局的力量，这是一个普遍的真理。许多成功的人士之所以能够实现他们的梦想，主要是因为他们将渴望和思想具体化、形象化，他们具有按照成功来思考问题的习惯。他们心里所想、行为所做的都是朝向成功，因而最后能成为事实。

我们生活在世界上，每天接受大量信息，有正面也有负面。因为经常接受负面暗示的人容易灰心沮丧，一生无所作为，而接受正面暗示的人则倾向于表现出积极心态，百折不挠。心理学认为，人可能会"条件反射"地受到某种定性的思维、行动以及结果的禁锢。正是一次次对自己的负面暗示，使得我们放弃了努力，殊不知，机会已经悄然临近。所以我们要主动接受正面暗示，排除负面暗示，用正面暗示武装自己，通过练习，使自己充满自信。

第一章 释放潜能是成功之始

瞄准目标出击

美国的弗罗伦斯·查德威克是第一位横渡英吉利海峡的女性。在这个壮举之后,她计划横渡卡塔丽娜海峡。这个海峡有30多千米的距离,要是成功了,她就是第一个游过这个海岸的女性。

1952年7月4日,海面上的雾气非常浓,海水也特别冷,冻得弗罗伦斯身体发麻。她连护送自己的船都看不到,所以就一个人在海中游。15小时55分钟之后,她感到又冷又饿,知道自己不能再游了,请求随行的教练和母亲把她拉上船。他们告诉她,只要再坚持一下就到了。但是,由于她看不到海岸,决定放弃。这时,她离海岸只有不到800米。

后来弗罗伦斯总结说,她放弃的原因主要是浓雾,让她看不到海岸。两个月后,她终于成功地游过了这个海峡,而且比男子记录快了大约两个小时。

正像有句俗语所说的:人吃饭是为了活着,但是人活着不是为了吃饭。几乎每个人都有其自己的目标,目标给了人们生活的目的和意义。因此,要取得成功,我们就必须有明确的成功目标。有了目标,我们才知道要往哪里去,去追求些什么。没有目标,我们的努力就会失去方向,而成了没头苍蝇。人生如果没有目标,就不可能做出任何有意义的事情,也不可能采取任何有效的措施。如果没有目标,没有任何人能成功。

许多失败都与目标的不具体有关,只有制定明确的目标,人们的努力才会有方向,目标明确具体,人们的行动才会有较高的效率。就像打篮球,要想投篮必须要知道篮筐的方向。因此,每

超越自我的人生心理学

个愿望都应该转化成为明确而具体的目标。

心理学研究发现，在人的恐惧心理中，最根本、最顽固的是对恐惧本身的恐惧。例如，在恐怖电影里，如果突然从门后面跳出一个面目狰狞的鬼怪，观众可能会吓一跳，但是研究发现，观众恐惧感最强烈的时候是鬼怪跳出来之前的一刹那，因为观众还不知道接下来会发生什么。一旦观众知道下面的剧情，甚至了解了鬼怪的样子，恐惧感就会迅速降低。所以，有目标要去追求的人，心理的压力和张力就会减弱。

每个人都曾有过梦想，有些人能使梦想成真，但有些人的梦想成了幻想，或者不再存有梦想。原因是什么呢？主要在于，其能不能定出正确的目标。我们所确定的目标一定要清晰、具体、现实而富有挑战。

一项针对日本东京大学毕业生的调查表明，只有3%的毕业生有明确的目标，并予以书面化。12年后，针对同一人群的跟踪调查发现，当初那3%有目标的人，他们的收入状态明显优于其没有明确目标的人，并且对生活的满足程度也高出许多。可见，明确的目标对成功多么重要。一个人的潜能是无限的，但又是不具体的，它深藏于心灵深处，而心灵深处真正的欲求和明确的意图是开启这扇门的金钥匙，并使潜能发挥出最大的功能。只有明确且经宣告的目标才能激发所向披靡的潜在力量。

【心理研究：跳高试验】

把一群跳高成绩超过1米的学生，随机地分为两组进行训练。告诉A组要跳过1.2米，告诉B组尽量跳得高一点。训练的结果是：

第一章　释放潜能是成功之始

告诉要跳过1.2米的A组成绩好于没有具体目标的B组。这个实验说明，仅有跳得更高的愿望还不够，必须有明确、具体的目标，才更能激发出人的斗志。

美国心理学家费约做过另外一项非常类似的实验。他把大学生随机分成三组，要求他们用右手食指拉起测力计上悬挂的重达3.4公斤的砝码。对A组不说明任何理由（无特定动机组），对B组提出的要求是尽量表现出自己最大的能力，对C组说明完成任务具有十分重要的社会意义（实际上不可能有什么"社会意义"）。结果表明，C组的工作效率最高。

制定目标可帮助我们获得成功，由于成功是通过我们的努力获得的，它便具有了真正的价值和意义。我们会极力保护自己的劳动成果并使其增长，把它建立在更加坚实的基础上。有人可能没有经过制定目标这一程序而取得了某种程度上的成功，但不制定目标，就不能充分发挥其自身潜能。

怎样找准目标呢？如果你希望你的愿望能够实现，那么就将你的愿望拆分成一个个具体的、可行的、可以测量或评估的目标。摆脱所有干扰，找一个安静的地方，认真思考你的目标。拿出纸和笔，不要害怕写出很多乱糟糟的东西，不要把它撕成碎片扔掉。

目标可行并不意味着可以降低自己的目标，目标必须超越自己最大的能力，但必须是可信的。如果不可信，我们就不会有完成任务的信心，也就不可能达到我们想达到的境界。超越原有的目标，这样就更能激发出内在的动力。

心理学研究表明，目标与成功可能性之间的关系不是一种线性关系，而是倒U形曲线关系。也就是说，在比较容易的任务中，工作效果有伴随目标的提高而上升的趋势；而在比较困难的任务中，工作效果的成就水平有逐渐下降的趋势。这种伴随任务难度的增加，成就水平逐渐下降的现象是叶克斯和多德森通过动物实验发现的，称为"叶克斯—多德森定律"。

中等强度的目标最有利于任务的完成，一旦目标过高，对行为反而会产生一定的阻碍作用。例如，有的学生一心想考满分，但临场发挥时处于高度紧张状态，结果往往不能充分发挥出真正的水平，甚至不及格。

成就险中求

据说，法国皇帝拿破仑在巡视军营的时候，听到一个落水士兵的求救声。拿破仑问随从的军官说：他会游泳吗？军官回答说：会一点儿，但是水性不好。

拿破仑命人取来一支长枪，对着落水士兵的身旁射击，并且喊道：马上给我游上岸来，不然我就枪毙你！子弹打得士兵周围水花四溅。落水的士兵于是挣扎着游回岸边。他对拿破仑说：皇帝陛下，您差点儿打死我，拿破仑说：如果我不开枪，你才死定了。

英雄和懦夫都会有恐惧，但英雄和懦夫对恐惧的反应却大相径庭。对于大多数人来说，不能在人生中产生突破，是因为他们对失败的危险性产生了很大的恐惧。例如，对大多数工薪阶层来说，拥有一个高薪而稳定的工作要比自己创业保险得多，他们想的是自己可以高枕无忧地生活下去，但他们从来没想过，如果自己创业，也许只要几年的时间所赚的钱就够自己一辈子用了。还

第一章 释放潜能是成功之始

有很多陷入单相思的男女，因为害怕被拒绝而不敢表达自己的感情，却没想到对方很可能正在焦急地等待爱的表白。

许多人认为，生活中应当避免冒大风险。比如创业就太冒险了，如果失败了将如何面对负债累累的困境。他们总是从这个方面去想，似乎创业就意味着失败似的。于是，接受大公司的职位成为了许多人的上上之选，似乎其中不存在某天被解雇的风险。

世上没有万无一失的事，很多认为有百分之百把握的事最终也可能失利。商界更是没有万无一失的致富门道，但这不该成为你不去做的理由，因为不动手做的人，虽然不会失败，但也绝对不会成功。任何人开始某项尝试的时候，实际上他就已经开始冒某种程度的风险了。因为天下没有在做之前就能肯定百分之百成功的事。在你追寻的过程中，任何小的差错都会使你的成果大打折扣。

普通人把创业这种行为看作有风险而产生出相当大的恐惧感。所以，他们宁愿给别人打工，也不愿意冒风险。这种心理状态是比较普遍的，即使是作为自由创业经济的中心——美国，也只有8%的家庭是为自己打工的业主或自由职业者。在中国，这个数字就更少了。但是他们不知道，只有把自己抛入危险之中，才能发挥出最大的潜能。这与一种称为"应激"的情绪状态有关。

【心理研究：应激状态】

人在面对危险状况或出乎意料的紧张情景时，就会进入应激状态。此时，其生理状态会发生显著变化。肾上腺会分泌大量肾上腺素，使血压升高、心率加快、血液循环加速，同时肝脏释放的大量肝糖原随着血液循环不断提供给大脑与肌肉，而消化系统暂停工作，又使人体的血液相对集中。于是，在血液量充沛的情况下，肌肉获得了远远超出通常水平的巨大能量，使人瞬间变得更为强壮有力，而大脑在养料与能量的补给中，使思维变得更为灵敏、警觉。这种生理上的突发性剧变，有助于人适应突如其来的偶发事件，动用自己的全部力量，集中自己的智慧和经验，发挥出全部潜力。

很多人都问过自己这样的问题："为什么我愿意当一个拿工资的雇员呢？"甚至有时候自己都不知道这个问题的答案。一个主要的原因是，他们以为有胆量就是没有恐惧感。

《韦伯斯特英语大辞典》把"胆量"定义为"冒险、坚持以及抵御危险、恐惧或困难的心理力量或精神力量"。冒险者懂得如何"权衡利弊"。他们把冒险行动的所有有利因素列在一边，把不利因素列在另一边。首先，他们考察不利因素，然后利用有利因素克服恐惧，克服这些不利因素。冒险者只是冒那种有利因素大大超过不利因素的风险。在权衡利弊的过程中，冒险者还必须能够想象成功——想象冒险行动可能带来的全部好处。

但是，应激状态如延续时间过长，剧烈的生理变化具有潜在的危害性。由于人体能量大量消耗，机体容易受感染，而大量的肾上腺素随血液流动对机体组织、器官构成伤害，病变便由此而发生。应激也有两重性。它既能增强人的活动能力，使思维变得清醒、灵敏，也可能减弱人的活动能力，使人行为呆板、思维紊乱。应激状态中的不同反应主要取决于人的主观因素，其中既有先天因素（如高级神经活动类型）

第一章 释放潜能是成功之始

的影响，也有后天因素（如长期形成的思维特征、性格特征和知识经验）的影响。毫无疑问，后天因素对应激行为的影响更为明显。

所以，冒险不等于蛮干。对于大多数人来说，长时间地面对巨大的风险，也有可能降低自信心和耐挫力。勇于冒险不同于赌博，不等于碰运气，它是积极主动的进取，而非不管结果如何，先做了再说或怕树叶掉下来砸破脑袋的人做不成事，而下着冰雹到露天地里溜达的人也会被砸得鼻青脸肿。能够创造财富的人不避风险，却绝对不蛮干，他们有自己的风险法则。真正的冒险不是头脑发热后的产物，而是谨慎的人进行的大胆尝试。众多成功人士的经历告诉我们：承担风险必不可少，但碰运气式的冒险绝对不可行。

心理测验二：冒险精神

英国小说家马里亚特说：除非你亲自尝试一下，否则你永远不知道你能够做什么。当遇到严峻形势时，人们习惯的做法是小心谨慎，保全自己。而结果呢？不是考虑怎样发挥自己的潜力，而是把注意力集中在怎样才能缩小自己的损失上，这种人的结果大都会以失败而告终。

冒险精神是智慧人生的独特通道，只有勇敢的心才能够穿越它。你有冒险精神吗？你能在一片混沌中闯出一条光明之路吗？下面这个小测验可以帮助你了解你的内心。

1. 我不喜欢用已经被别人证实是可靠的方法来做事。

2. 我认为做事的标准程序或方法应该不断改变。

3. 当我负责某事时，我喜欢遵循自己的想法做事情。

4. 我比较喜欢那种需要开拓一个新领域的工作。

5. 每个人都会在日常的工作中出一点差错。

6. 我喜欢用过去没有被其他人用过的方法做事。

7. 我希望自己的生活能够时常有所变化。

8. 我不担心自己的观点会受到别人的挑战。

9. 我更喜欢自己做决策，而不是执行别人的命令。

10. 我关注现代科学的一些新进展。

11. 我对一件事情的兴趣难以持续很久。

12. 我更愿意投身于一个新兴的行业，而不是从事一份传统的职业。

13. 我喜欢与人辩论。

14. 我的精力要比别人更旺盛。

15. 我有丧失理智的时候。

16. 我所决定的想法很难被别人改变。

17. 我觉得想要成功，就不能以不变应万变。

18. 我不喜欢过循规蹈矩的生活。

19. 我很难保证一辈子只爱一个人。

20. 我喜欢过一种刺激的生活。

每道题目的答案有五种选择：

A. 非常符合

B. 有些符合

C. 无法确定

第一章 释放潜能是成功之始

D. 不太符合

E. 不符合

选 A 得 5 分，选 B 得 4 分，选 C 得 3 分，选 D 得 2 分，选 E 得 1 分。

总分在 50 分以下，你很保守，更愿意脚踏实地的工作。不过如果你还有更大的期望，那么现在的心理状态很可能会让你停滞不前。

总分在 51～69 分之间，你能将激情与理智很好的结合在一起，成功对于你而言，只有运气可以左右了。

总分在 70 分以上，你是个天生的冒险家，注意不要让头脑一直发热，要知道任何微小的失误都会让你功败垂成。

任何领域的领袖人物，他们之所以能够成为顶尖人物，正是由于他们勇于面对风险。如果你发现自己总也不敢冒风险，而是常常躲避它，下面几点建议也许能帮助你发掘和增强一些勇敢精神。

首先要努力实践理想。其实，我们谁也不知道他人的能力限度到底有多少，尤其是在他们怀有激情和理想，并且能够在困难和障碍面前不屈不挠时，他们的能力限度就更难预料。

其次，刚开始做一件事时，不要把注意力放在你所面临的全盘事务上。先了解一下第一步该怎样走，而且要确保这第一步你能顺利完成。这样一步一步地走下去，你就能走到你所期望到达的目标。

最重要的是：不要说"不要"。有时，当面临某种新情况时，人们往往会回忆过去的失败，从而花太多的时间往坏处想。

超越自我的人生心理学

"不要"是一种消极的目标,"不要"会使你不想怎样却偏会怎样,因为你的大脑里会产生一些不好的图像,并对其作出反应。斯坦福大学所做的一项研究表明,大脑里的某一图像会像实际情况那样刺激人的神经系统。举例来说,当一个高尔夫球手在告诫自己"不要把球打进水里"时,他的大脑里往往会浮现出"球掉进水里"的情景,所以,你不难猜出球会落到何处。因此,在遇到令你紧张的情况时,要把注意力集中在你所希望发生的事情上。

规划成功的人生

1969年,匈牙利教育家拉斯洛·波尔加的大女儿苏珊出生了,5年后二女儿索菲亚来到了人世,过了一年又生下了三女儿朱迪。波尔加和妻子放弃对女儿们进行传统的学校教育,而是将全部的教育转到家庭中,从一开始就把他们带到国际象棋这个领域。于是,他们营造训练气氛,聘请专职教练严格训练,使她们的棋艺进步神速,专业素养比起众多一流棋手毫不逊色。苏珊4岁就获得布达佩斯11岁以下儿童冠军,7岁成为女子象棋大师。此后,波尔加三姐妹如耀眼的星星一般,相继闪烁在国际象棋界。

1989年,三姐妹组队夺得国际象棋世界杯团体冠军,1996年苏珊击败谢军,成为世界历史上第8位棋后,朱迪更进入世界棋手十强之列。朱迪在世界女棋手中排第1、苏珊排第2、索菲亚排第6。

生涯规划已变成现代人必修的人生课题。波尔加三姐妹的经

第一章　释放潜能是成功之始

历光彩照人，正说明人生不仅可以策划，在父亲的匠心独运中，获得很大的成功。他为三个女儿策划了成功的人生之路，创造了一个奇迹。孙子兵法云：庙算多者多胜，庙算少者少胜。成功很多时候就是策划出来的。

"生涯"一词由来已久，"生"原意为"活着"，"涯"为"边际"，"生涯"连起来是"一生"的意思。我国古代文人在他们的诗文中就有用到"生涯"一词，如刘长卿在他的诗中写到"杜门成白首，湖上寄生涯"，这诗句里的生涯已很接近现在我们对生涯的理解了。

在日常生活中，我们也时常会用到"生涯"一词，如描述一个人从政的经历时，我们会说"在他的政治生涯中"；描述一个人当兵的经历时，会说"在他的军旅生涯中"；描述一个人的演艺经历时，会说"在他的演艺生涯中"；描述已经退休的人以前的职业生活时，会说"在他的职业生涯中"，等等。

生涯的英文为 career，从字源看，来自罗马文 viacarraria 以及拉丁文 carrus，两者的含义均指古代战车。在古希腊，career 这个词蕴含疯狂竞赛的精神，后来又引申为道路，即人生的发展道路，也可指人或事物所经历的途径，或指个人一生中所扮演的角色与职位。

生涯并不是个人在某一时段所拥有的角色与职位，生涯的发展是一生当中连续不断的过程。生涯概括了一个人一生中所拥有的各种职位、角色，因此，生涯不是个人在某一阶段所特有的，而是终身发展的过程。每个人的生涯发展是独一无二的。生涯是个人依据他的人生理想，为了自我实现而逐渐展开的一种独特的

超越自我的人生心理学

生命历程，不同的个体有不同的生涯，也许某些人在生涯的形态上有相似的地方，但其实质却可能是完全不同的。人是生涯的主动塑造者。生涯是动态发展的历程，每个人在不同的生命阶段中会有不同的企求，这些企求会不断地变化与发展，个体也就不断地成长。生涯是以自己事业角色的发展为主，也包括了其他与工作有关的角色。例如学生、子女、父母、公民等涵盖人生整体发展的各个层面的各种角色。

【心理研究：心理周期】

人的一生从婴儿到老年是一个完整的心理周期，不同阶段会有不同的人生任务和心理特点。生涯规划，是为个人制定生涯目标，找出达到目标的方法和手段。其重点在于找出实现个人目标的机会，达成更好的组合，强调提供心理上的成功。在整个生涯历程中，因为年龄及成长阶段、环境等的不同，所扮演的角色及所担负的任务也会有所改变。因此，在拟定生涯规划时，必须审慎而周到地考虑到每个阶段的需要。

发展心理学家认为，生涯规划依年龄划分为以下四个阶段：在30岁以下为自我发现期，30～40岁之间为自我培养期，40～50岁之间为自我实践期，50岁以上为自我完成期。这与孔子所说的"十五志于学，三十而立，四十而不惑，五十知天命，六十而耳顺，七十而从心所欲，不逾距"不谋而合。随着现代人心理早熟的倾向、信息发达等因素，这种年龄层的划分可能还会降低。

生涯规划包罗万象，亦即对一个人生涯规划所考虑的点、线、

第一章　释放潜能是成功之始

面极为广泛，几乎无所不包。生涯规划不仅是对事业、职业的追求，更重要的是对生活形态的选择。生涯的"生"，是"一棵禾苗，从地上长出来"的意思。一颗种子，想要茁壮成为大树，它需要有适合的土壤、阳光、空气和水分。大树的年轮为什么有时宽、有时窄？关键就在于那一年是否阳光充沛、雨水丰足。风调雨顺的岁月里，年轮会较宽；天灾干旱的岁月里，年轮就较窄。我们对自己生涯的关心与培植，就像阳光、空气、水，一个愿意为生涯付出努力和行动的人，人生就会丰富多彩、生生不息；若是浑浑度日，当你回顾往事时，可能只有无限的惆怅和懊悔。所以每个人都应该通过对生涯的探索，根据自己内在的特质、背景、需求、价值、性格等，制定出适合个人的生涯规划。

价值认知决定奋斗方向

一天，一位哲学家与渔夫在一艘小船上，哲学家闲来无事，就问渔夫："你懂得哲学吗？"

渔夫回答："不懂。"

"那么你失去了30%的生命。"哲学家又问，"你懂得数学吗？"

渔夫回答："不懂。"

哲学家说："那么你失去了80%的生命。"

这时，一个大浪打过来，把哲学家打到了海里，渔夫大声喊道："你懂得游泳吗？"

哲学家回答："不懂啊！"

超越自我的人生心理学

渔夫说:"那么你就失去了100%的生命。"

在人的一生中,每个人都会面临许多抉择,需要个人作出明智的决定。个人的价值观是影响你作出决定的根本原因。虽然人生发展除了自身的条件外,竞争对手与机会等客观的环境因素的影响也很大,但是价值观与成功目标的确定息息相关。

价值观是指人对世界的看法,凡是你觉得什么是重要的、值得追求的,什么就代表你的价值观。价值观的探索是人生历程中一直存在的课题,应该承认价值体系有相当程度的稳定性,但也有人的价值观会随着个人的生活经验而变动。任何人都需要经过岁月的磨炼和自省思考,逐渐形成定型的个人价值观。

【心理研究:人的发展任务】

美国心理学家赫威斯特在《人类发展教育》一书中,列出了人的十项发展任务:

在个人的行为导向上,能建立适当的人生观念与道德标准;

能够选择适合自己能力和兴趣的职业,而且肯努力奋发为取得该种职业而准备;

有经济独立的信心,即使在金钱上尚不能自给自足,在生活中尚不能自食其力,自己也能有信心和意愿不依靠别人;

情绪表达逐渐成熟独立,凡事不再依赖父母或其他成员的支持与保护;

在知识、技能、观念等方面,都能达到平均的标准;

接纳自己的身体和容貌,不过分炫耀自己的优点,也不过分掩饰自己的缺点,而是能按自己身体的条件去发挥最大潜能;

第一章　释放潜能是成功之始

在行为上能扮演适当的性别，不但乐于接纳自己的性别，而且能恰如其分地表现属于自己年龄的男性或女性的行为特征；

在日常生活中，与同辈人（包括同性和异性朋友）建立和谐的人际关系；

认真考虑选择婚姻对象，并开始准备成家过独立的家庭生活；

乐于参与社会活动，也能在社会事物上对自己的行为负责任。

价值观通常是深层的、不外露的。朋友间可以分享彼此的人格类型、个人风格，但不会轻易展示明显的价值观。价值观对每个人而言也就因此变得更加深邃，成为引导人们日常生活中的一般不易察觉而又无所不在的力量。价值观的探索是生涯规划中的一个重要课题，因为价值观是影响个人生涯决定的重要因素。

价值观能帮助人了解自己的生活目标和意义，使人在面对决定时有较明确的选择。它是长时间慢慢积累而形成的，所以也需要花时间去澄清。

价值观的清理是自我心理发展的重要课题之一。心理学家经过多年的研究，总结出了20种一般人所追求的人生价值。你可以仔细思考，哪一种才是你自己的人生意义。

经济报酬

工作的目的就在于获取报酬，重视财富的积累，收入的高低常会有意无意地影响自己对工作的选择。

威望

看重自己的尊严与威望。希望所从事的工作能给自己带来较好的名声，也希望能因此获得别人的尊重和肯定，相对社会地位较高的职业。

成就
看重工作中的成就感,希望能有成绩突出的表现,也会因为一项工作完成了而获得满足。喜欢从事能够看到有具体成绩的工作。

升迁及个人发展
重视工作的长期发展,在考虑选择工作时,会以升迁、进修、在职训练机会较多,或长期发展趋势较好的工作优先考虑。

稳定性
重视工作的稳定性而不是冒险性。不希望经常调换工作,希望捧着铁饭碗,不会被裁员,也很少想要换工作,是政府公务人员最重视的价值观。

专业发挥
希望在工作中发挥所学,因此,一份适合自己个性、兴趣的工作是很重要的;而在工作中能够展现个人能力,发挥专业特长就能带来满足。

审美性
很重视美感,希望自己做出来的东西都能带有一些美感和艺术气息,追求美感的呈现,不喜欢丑陋的事物。

变异性
希望自己的工作是多姿多彩富有变化的,不喜欢每天做同样的事,更讨厌呆板、单调,会期待工作中每天都能遇到新鲜事。

挑战性
喜欢面对不同的挑战,宁愿失败也不愿意守成,喜欢向自己的极限挑战，不断超越自己的成就。

工作中的人际关系

重视与同事和上司的关系。喜欢在工作中认识很多朋友，更希望自己在工作中的人际关系能够和谐，除了工作时间外，也喜欢和同事来往交流。好的同事关系能带来较大的满足，而不佳的同事关系，则会影响工作效率，甚至影响生活。

遵纪守法

重视工作的正当性。不会做不正当的、不符合法律和道德的事情，更不希望自己的工作会造成对他人的直接或间接的伤害。

利他主义

有明显的理想性格，工作的目的是为了造福他人，喜欢从事能够帮助别人的工作，希望因自己的付出让社会更加美好。

心灵成长

希望能在工作中促进自我成长，并通过工作认识各种不同个性、不同生活背景的人。

自我充实

对于工作的附带效益较重视。希望工作能使自己获得更多的知识、扩大眼界，喜欢动脑筋想新的点子。

实现性

工作的目的在于能够表达自己的想法和看法，喜欢能表现自我风格的工作，更希望能将个人理念透过工作而付诸实现。

对组织及工作的影响力

希望能对所在的机构有所影响，喜欢领导别人一起工作时的能力感，若自己无力改变组织中不合理的现状，会有比其他人更深的挫折感。因此，有可能成为团队中最有影响力的领导者。

自由度

能安排自己该做的工作。很有主见，别人的意见通常只是仅供参考，坚持己见是常有的事。

工作环境

选择工作时，会特别注意该工作所提供的工作环境。喜欢在安静舒适的环境下工作，会避免去从事室外或嘈杂的工作；也会尽量去经营自己的工作环境，使他更舒适而适合工作。

生活安逸

最重视能过安逸的生活，不希望从事太辛苦的工作，也不喜欢因工作而让生活过得太紧张，认为工作应该要轻松、愉快、过得去就好了。

休闲时间

重视假期，希望有较多较长的假期，无法接受忙得几乎没有休假的工作，也不希望工作会妨碍自己自由自在的生活。

有人认为价值观不过是指书本上的大道理或社会上一般人的看法，这样的想法是有偏颇的。价值观对一个人来说，更重要的是内心认定的，言行上实践的。也是由个人对各种事情不同的喜好程度而推论出来的。或许大多数人认为财富是最重要的，但有的人却认为为了健康可以牺牲财富，对他来说，"健康"才是人生的价值所在。

当然，人生的意义不仅仅是个性的选择。人类社会发展了数千年，已经形成了一套比较成熟的价值规范，无论什么样的种族、什么样的民族，在大部分价值观上都是相同的。

第一章　释放潜能是成功之始

成功目标确定法

美国拉福商贸公司的创始人比尔·拉福,在中学毕业之际就立志经商。但是他在洛克菲勒集团任高级主管的父亲劝他首先学习机械制造,因为在商业贸易中,工业产品占据了绝大多数。而且工科学习有助于使人建立起一套严谨求实的思维体系,训练人的分析、推理能力,使人对工作具有一种脚踏实地的态度。比尔在麻省理工学院毕业后,又去芝加哥大学攻读经济学硕士,然后进入政府工作了5年,锻炼人际交往能力,编织关系网络,然后才进入商圈。

在通用公司工作了2年后,比尔开始创业。20年内,他的资产扩大了1000倍。

规划成功的过程和旅行类似,初次上路的新手常受外界因素的影响,而且多数只看到眼前的道路。对于一个没有成功经验的年轻人而言,对成功过程的认知缺失,加上对迅速成功的渴望,会使他在深思熟虑之前就采取行动。这一类人生规划的方法,专家称为"便捷规划法"。便捷规划法包括七种一般人常用的决策准则。

自然发生法

不少学生在高考后填写志愿时,并未仔细考虑自己的兴趣志向,只要找到分数所能录取的学校专业,便草草地做出决定。也有人到了适婚年龄,面临强大的人际关系压力和孤独心理,就对婚姻大事勉强凑合了。

刻板印象法

以性别、年龄、社会地位等刻板印象来选择工作。如女性较适合从事服务业、男性较适合从事政治、做企业家等。

大趋势法

跟随短期的市场需求的趋势，盲目地投入新兴的热门行业。这是从众心理的典型表现。

拜金主义法

选择待遇最好的行业。有不少拥有高学历文凭的人，放弃发展自己的专业，而选择钱多事少离家近的工作。这样的人一般追求舒适的生活，耐挫折能力较低。

橱窗游走法

到各种工作场所，走马观花浏览一番，再选择最顺眼的工作。这种人一般感情丰富，缺少逻辑分析能力。

假手他人法

传统社会讲求伦理和社群，听从师长的观念。在现代社会，许多人在思考自己的未来时，还是会不知不觉地把它交给别人来决定。这样类型的人一般有严重的依赖心理。

最小努力法

选择最容易的专业或技术，但祈求最好的结果。如择偶时，男人希望能娶到富家千金，可以少奋斗十年，而女人则希望找到"长期饭票"。这是缺乏安全感，对自身能力有所怀疑的表现。

以上七种方法，通常被称为知识导向（knowledge-oriented）、配合导向（match-oriented）和人群导向（people-oriented）的规划方法。它们是最便捷的规划方法。这种便捷的规划法优点是省时省力，不用花费太多的心思，在短时间内的效率很高。但是这种方法单纯以自己兴趣为主轴，不太考虑社会适应问题，通常在

第一章　释放潜能是成功之始

不久之后，就会使人陷入困境，疲惫不堪。若能改为采用"系统化规划法"，重新思考自己的方向，拟定一个切实可行的行动计划，则有机会化危机为转机。

【心理研究：系统化规划】

系统化规划从心理学上来看是一个立足于自身，从内而外的过程。它的任何步骤的实施都是基于对以下问题的答案：我是谁？我的兴趣是什么？哪些东西是我生命中所不可或缺的？我有哪些人格特质，使我别具一格，与众不同？我的优点是什么？不足在哪里？我有哪些技能是可以赖以维生的？或者是高出别人一筹的？

除了通过内省查看自己的心理面貌，或者从人际互动中了解自己的个性和习惯外，借助各种成熟的心理测验来了解自己也是非常重要的。我们在报刊或者网络上经常可以看到一些小型的心理测验，这种测验不能说没有科学依据，但是因为其过于短小，所得的结论大多是片面的。因此，在心理咨询师的指导下，选用严格的心理测试问卷是比较理想的选择。

系统化的规划法弥补了便捷生涯规划法的缺陷，为了使焦点较为集中，仍以工作为主轴展开进行，将同样的构架延伸到情感经营或自我成长的层面上。

在开始阶段，你已经觉悟到成功规划的重要性，并且愿意花上一段时间，来规划自己的人生。在长期的追寻摸索的过程中，你需要给自己一个承诺：为了自己的幸福，你会全力以赴，但若一时不如人愿，你也能善待自己、不放弃自己，让自己边调整边累积资源。

超越自我的人生心理学

你除了要清楚地认识自己身处的政治、经济、社会和文化因素，还要了解职业的分类和内容；各类职业所需的技能；各类职业所需的人格特质；各类职业的报酬等。在了解自我、认识工作后，要整合各种因素，并评估其可行性，在修正方向后，定出一个具体可行的目标和方案。这些过程是一个生涯决定的过程。

在行动的过程中，要不断评估实行的效果。美国航天局（NASA）的科学家指出：宇宙飞船在奔向月球的过程中，97%的时间都是偏离航道的。因此，不断地从反馈中修正航道，这是很正常的事。在工作中，即使找到一个喜欢的工作，仍有可能被杂事缠身，失去方向。这时，需要不断地澄清事情的优先级，眼光放远，才能重回航道。

系统化规划法可以帮助你认识自己的特质及价值所在，帮助你认识工作的现况与趋势，帮助你找到可以实现自己的途径，帮助你了解工作只是人生的一部分，而非全部。

最幸运的人，是开始就能找到自己愿意终生全力以赴的职业生涯路，然而这是个小概率事件。曾任美国劳工部长的杜尔指出：21世纪的工作者，若想要获得成功，至少需要具备四种以上的专长。可见，不断修正生涯目标、培养多职能，成为一个终生学习者，已是新世纪的现代人不得不走的一条路。

成功依赖于果断的行动力

亚历山大大帝在进军亚细亚之前，决定破解一个著名的预言。这个预言说的是谁能够将神庙里的一串复杂的绳结打开，谁就能

第一章 释放潜能是成功之始

够成为亚细亚的帝王。在亚历山大大帝到来之前，这个绳结已经难倒了各个国家的智者和国王。由于这个绳结的神秘性，导致能否打开这个绳结关系到了军队整体的士气。

亚历山大大帝仔细观察着这个绳结，果然是天衣无缝，找不着任何绳头。这时，他灵光一闪："为什么不用自己的行动来打开这个绳结呢！"于是他拔剑一劈，绳结一分为二，这个保留了百年的难题就这样被轻易的解决了。

在成功心理学中，对于成功心理的影响因素的分类有很多种。但不论哪种分类方法，都无一例外地包含有"行动"这个因素。观念的力量体现在动力之源上，它是成功的"发动机"。而行动的力量则主要体现在动力的成效方面，是"滚动的车轮"。诺贝尔文学奖得主海明威说：没有行动，我有时感觉十分痛苦，简直痛不欲生。

每一个人都可以有很多思想，而且每时每刻都可能有很多思想。但是，在人的一生中，能变成现实、转变为行动的思想却是微乎其微。一天之中，在我们想过的100件事中，有三四件能最终转变为客观现实就已经难能可贵了，有七八件能转入到探索性行动中就更加可歌可泣了。主动地尝试是从思想走向成功的重要的一步。如果没有尝试，我们就不知道自己的思想是否正确，也不知自己的观念是否能为自己、他人或社会带来收益。但只要经过尝试，成果就可能呈现。

当然，在尝试的过程中也可能暴露出问题，这时就要对行动的目标和方式做出校正，从而达到成功。这种"尝试——发现错误——校正错误——再尝试——再发现错误……"的过程在心理学中称为"试误",是认知心理学的基础理论之一。

【心理研究:试误理论】

美国著名心理学家桑代克把一只猫放进"谜笼"里面,观察猫走出"谜笼"的过程,从而总结出"试误"理论。他认为,动物的学习过程是以本能活动开始的一种尝试与错误的过程。这个过程也是情景刺激与反应之间的联结,其中不存在思维和推理的作用。

"联结"是桑代克心理学的核心概念。桑代克根据实验的结果,认为动物的学习就是刺激和反应之间形成的联结,并把这种看法照搬到人类的学习。英国的联想心理学早已提出过关于联结的概念。桑代克在实验的基础上,根据机能主义的观点,以刺激与反应的联结,代替了观念的联合。

人类的行为虽然远比猫的行为复杂,但行为主义者认为,两者可用相同的原理进行解释。桑代克认为,其差别仅在于"人类大脑里'细胞结构的数量、精度和复杂性'构成了它所产生的联感的'数量、精度和复杂性'"。桑代克甚至认为,人类跟动物一样是通过"试误法"进行认知的,成功只是偶然而已,所以人类文化发展是缓慢的。

人走向成功的路径与实验猫走出谜笼的路径没有太大的差别。但是,猫的每一次决策都是本能的反应,是迅速而直接的。可是人的决策是复杂的心理过程,就会被犹豫心理所干扰,不能果断地做出决策。

果断性是一个人善于在深思熟虑的基础上,适时而坚决地作

第一章　释放潜能是成功之始

出决定和采取决策的意志品质。果断性在日常生活中有重要意义。具有果断性的人善于进行周密思考，对问题情景能作出准确的分析与判断，当机立断，毫不迟疑畏缩地作出决定。

极大多数决策事件多少会带有一些不确定因素。由于这种决策存在风险，往往使人犹豫不决，踌躇不前。结果"时过境迁"而坐失良机，反而造成失败或挫折。所以，果断、坚决、勇往直前、敢于决断才是成功者应具有的良好品格。

对于发挥潜力而言，一个人所能遭遇到的最大障碍就是拖延。一旦跨越了这个障碍，便可以持续行动，每天完成一些事项。了解自己的动向只不过是个开端，为了能达到目标并过着梦想的生活，就必须马上行动！只要行动，就可能达到最终目标。如果你只是在一旁观望，你将终其一生也无法成就大事。

耽搁会阻碍一个人成功的进度，所以必须持续采取行动，只有这样才能掌控自己的人生。有太多人为进度迟滞编造借口，但生活的赢家并没有时间苦思沮丧，因为他们总是忙于采取行动以及完成任务。

当想要拖延时，就开始做些别的事——任何事都可以，来克服拖延。这是让自己继续向前迈进的动力来源。只要持续动作，便有可能完成许多事物。在物理学的领域中有一法则叫作牛顿第一运动定律，是指运动的物体存在着一定的惯性，而这相同的定律也适用于人类，只要自己采取行动，便会发现持续行动十分容易。

也可以为自己设定一个最后期限，想想看自己想要完成什么。可以想象自己只剩一年的生命，说服自己这是真的，将它做为激励自己前进的动力。如果无效，就把时间缩短至六个月，或者只剩一个月。自己都无法得知什么时候生命会结束，这样的不确定性让自己以为拥有无限的时间。

值得强调的是，不完美的开始胜过完美的犹豫。许多事情你不采取行动，可能永远不会时机成熟或者条件具备。对于勇敢的人来说，没有条件，他也能够创造条件，他的行动永远是最好的时机和条件。因为行动本身就是在创造条件和机会。生命是由有限个"现在"累积而成的。当我们处于现实状况时，对"现在"并不珍视，今天的"现在"会成为明天的"过去"。成功者都是"从现在开始"马上行动，失败者以"明天再说"为借口。

心理测验三：行动意识

目标一定要转化为行动。我们制定目标是为了实现。要实现目标，就要求我们必须付出切实的行动。否则，我们的目标制定得再好，也只是虚空的。你是个光说不练的人，还是一个付诸实际行动的人，下面这个心理测试可以帮助你了解自己。

1. 你喜欢忙忙碌碌过日子吗？
2. 你会对塞车的情况不耐烦吗？
3. 你一直在换工作吗？
4. 你无法忍受闲着没事干的情况吗？
5. 凡事你喜欢参与，而胜过旁观吗？
6. 如果乘电梯的人太多时，你宁愿爬楼梯吗？
7. 别人曾经抱怨你的动作太快吗？

第一章 释放潜能是成功之始

8. 即使在周末,你也一样早起吗?
9. 你总是对新的工作计划表现一般吗?
10. 你喜欢组织群众吗?
11. 你喜欢行动胜过计划吗?
12. 你花许多时间来苦思冥想吗?
13. 你曾经臆想"究竟人来自何处"和"为什么"吗?
14. 你喜欢做填字游戏吗?
15. 你喜欢参观博物馆和画廊吗?
16. 你喜欢言之有物的聊天吗?
17. 你习惯一次爬两级楼梯吗?
18. 在同样的时间内,你常比别人完成较多的事情吗?
19. 度假的时候,你喜欢刺激热闹胜过于悠闲自在吗?
20. 成天无事可做,你会觉得无聊吗?

选"是"得1分,选"否"不得分。

如果你的分数是 12～20 分,那么你是个标准的实践家。凡是你不会光说不练,尤其喜欢忙忙碌碌地过日子;你喜欢主动参与,计划永远排得满满的,越忙越有劲。

如果你的分数是 6～11 分,那么你是个介于实践家和梦想家之间的人。你喜欢过得忙碌,但不反对偶尔静下来思考一番。因此,像你这样的人,更容易适应各种环境。

如果你的分数是 5 分以下,那么你是个标准的梦想家。你宁愿一个人抱着一本书看或任思维四处遨游。虽然你也喜欢有人做伴,但是你很懂得享受独处的乐趣。

每个人心理上都有一个极限。这个极限有时能明确意识到,

39

有时不能。心理学上把这个极限叫作"舒适空间"。在舒适空间内，人感到适应，突破舒适空间，就会感到不适应、难受甚至难以忍受。自我突破就是要突破原先极限，扩大舒适空间，提高忍耐能力。磨炼将使原先不能承受的变成现在能承受了，常人难以承受的也能承受。这样，自己就能做出常人难以做出的事情。要不断寻求挑战激励自己。提防自己，不要躺倒在舒适区。舒适区只是避风港，不是安乐窝。它只是你心中准备迎接下次挑战之前刻意放松自己和恢复元气的地方。

胜利孕育在坚持中

战争期间，一位身体虚弱的母亲独自带着三岁的孩子步行逃难。后来她实在支持不下去了，就找到了难民潮中的一位神父，哀求神父帮助她的孩子。神父略通医道，他发现这位母亲体力尚可，便断然拒绝了她的哀求。

虚弱的母亲心中不由得十分愤怒，转身抱着自己的孩子，回到难民潮的队伍当中，最终走到安全的难民营。这个时候，神父来探望这位身体已经恢复健康的母亲，神父看到她，欣慰地说："还好我当初没有接受你的托孤，今天我才能看到你们母子俩都平安……"

坚持的决心是最重要的积极心态。充满智慧的神父，在最危急的时刻，让这位可怜的母亲激发出无穷的潜能，让她自己解决自己的问题。生命的能量往往在你下定决心的时候就被你激发出来。如果谁决心去干某件事，就会激发出自身所有的潜能去做，

第一章　释放潜能是成功之始

直到成功。

毅力，是人的一种"心理忍耐力"，是一个人完成学习、工作、事业的"持久力"。毅力不是天生的，而是培养出来的，我们要在完成艰巨任务的过程中培养毅力。越是面临困难，越要敢于迎难而上，任务完成了，毅力也培养了。如果等有了毅力才去完成任务，永远不会有毅力，永远完成不了艰巨的任务。

还有很多人，有美好的理想和为之奋斗的热忱，但他们缺乏毅力。开始是天天撒网捕鱼，不久便是三天打鱼两天晒网，最后索性将网抛进垃圾箱里，而海底的珍奇是只可梦想而不可得了。

【心理研究：果汁软糖实验】

斯坦福大学心理学教授迈克尔·米舍尔将一群四岁左右的孩子单独留在一个房间里，先是给每个孩子发了一块软糖，然后告诉他们："我有事出去一会儿，你们可以马上吃掉软糖，但谁能坚持到我回来再吃，那么他就可以得到两块软糖。"结果有的孩子迫不及待地把糖吃了；有的孩子虽然犹豫了一会儿，但还是忍不住吃了；还有的孩子通过唱歌、做游戏甚至假装睡觉坚持到最后。20分钟后米舍尔回来了，坚持到最后的孩子又得到了一块软糖。

这次实验过后，米舍尔进行了长达14年的追踪。到中学时，这些孩子表现出了明显的差异：那些坚持到最后的孩子具有较强的适应能力和进取精神，他们自信、合群、勇敢、独立；没有坚持到最后的孩子则比较固执、孤僻，往往会屈从于压力而逃避挑战。

超越自我的人生心理学

"果汁软糖实验"证明,坚持的能力对一个人的成功起到了何等重要的作用。这项研究表明,一个人成功可能与情绪调控能力有密切的关系。坚定性即顽强性,是一种为实现既定目的而持续努力拼搏的意志品质。具有坚定性的人能长时期坚信自己决定的合理性,坚持自己的行为方向,并能锲而不舍、百折不挠地克服种种困难,直至实现自己预定的目标。

一个人由于知识经验有限、思想方法的缺陷及其条件、环境的限制,经常会碰到种种困难与干扰。困难与干扰容易使人丧失兴趣,滋生畏惧情绪,使行为方向失去控制。因此,为了驾驭自己的行为方向,就要有顽强的毅力,制止与预期目标相矛盾的行为,并克服种种困难与干扰,才能实现预定目标。尤其在富有开拓创新的事业中,开拓者更须具有坚韧的性格特征,因为在无人涉足的新领域中,探索会碰到无法预知的种种困难,唯有不怕困难、敢于披荆斩棘的奋力拼搏者才能开辟出新路,到达光辉的顶点。

"坚定"与"自信"相联系,一个具有"自信"的人才能对自己的工作目标或事业抱有必胜的信念,从而激发起顽强的斗志,在实践中才能表现得不屈不挠。所以,要使自己具有坚定的意志品质,首先要使自己有自信。同时,可利用学习、工作等智力活动来培养自己坚定、顽强的品质。

坚定性也与一个人对预定目标的明确性、牢记目标的持久性和实现目标的迫切性相关联。目标明确对行动有指引作用,而牢记目标则使人产生实现目标的渴望,这种渴望既是顽强毅力的源泉,又是促进行为的内在动因。目标在心中的地位越牢固、实现

第一章　释放潜能是成功之始

目标的愿望就越迫切，所引起的行为就越坚定。即使在有严重干扰的条件下，只要牢记目标，就能坚定行为方向。可是，要使自己具有坚定的意志品质，要不断地为自己确立一个又一个明确的目标，这种目标可以是长期的也可以是短期的，并将目标时刻铭记在心中。这样，内心就会焕发出追求目标的激情，朝着预定的目标持续努力的行动就会坚定而有力。

当然，毅力不等于蛮干，它是善始善终地将工作做好；毅力不等于执拗，也不等于顽固。顽固是消极的意志品质，它不实事求是，不考虑客观情况，不考虑完成任务的可能性，一意孤行，不听劝告，什么都是想当然，知错都不改，一抹黑地走下去；而毅力是积极的意志品质，它是人们理智的选择，能及时地总结经验和教训，从错误和失败中去寻找到理性的行动，因而能将失败变为成功，能使小胜利变为大成功。

将压力转化为动力

有两名船长要指挥着各自的帆船横渡海峡。但是此时海峡上空乌云密布，眼看暴风雨就要来了。船长A考虑了一会儿，命令水手往船上装石头。船长B从望远镜里看见A的举动，不免嘲笑对方的愚蠢。B认为让船减轻重量才能快速通过暴风雨，所以他命令把船上一切没用的物品都扔掉。

没想到，B的帆船在海峡中间被狂风吹翻了，而A的帆船因为载重很大，所以稳稳当当地渡过了海峡。

现实生活中的每个人，都会感受到压力的存在，并不是真的有千钧重担压在你的肩上,而是一种无形的、能使你的精神和心理感受到的压力。无法承受这种压力的人,严重的会精神崩溃,普通的也会使人意志消沉。

压力是对精神和肉体承受力的一种要求。如果承受力能满足这种要求并欣赏其中的刺激,那么压力就是受欢迎的、有益无害的。反之,压力就会使人衰弱,会成为不受欢迎、有害无益的。

压力是生活的一部分,是自然的、不可避免的。在不发达的社会中,压力首先是与寻找食物、寻求安全以及寻找配偶、繁衍后代等生存需要联系在一起的。在发达的文化社会里,压力与基本的生存手段关系甚微,而与社会的成功、与对提高的生活水平的评判、与满足自己或他人的愿望紧密相关。

要弄清楚压力,必须从两个方面入手。一是外界的要求(它们是些什么,如何根据需要增加或减少它们);二是自身的承受力(我们如何对压力作出反应,我们如何对反应进行必要的调整)。我们从一开始就必须明白,各种要求都会随形势变化而改变,承受力也是因人而异的。即使是同一个人,也会因时间、地点的改变而改变。

【心理研究:压力动机理论】

美国心理学家默里认为,动机是需要(人的特征)和压力(环境特征)共同作用的结果。需要是倾向性的因素,压力是促进性的因素。

默里把需要和有机体内的紧张状态联系在一起,把需要的满足与紧张的降低联系在一起。他认为需要是决定人的行为的内因,

第一章　释放潜能是成功之始

压力则是环境决定人的行为的因素。

一般来说，当人的需要被唤起时，个体便处于一种紧张状态，需要满足之后，这种紧张状态就会减弱，最后个体学会通过一定的活动来减弱紧张。但是，如果只注意紧张降低的终极状态，会使人只看到人类动机过程的一幅不完整的画面。人们所期望的并不是毫无紧张的状态，降低紧张的过程才是令人满足的。个体不仅学会了以一定的方式去减弱紧张，同时他们也学会以一定的方式形成紧张，以便以后通过一定的行动去减弱这种紧张，从而得到最后的快乐。例如，人为地创设比赛，创造紧张，再通过比赛来减弱紧张，从而得到满足。默里把主体和环境压力之间的相互关系称为"主题"，并和同事摩根共同设计了"主题统觉测验"，为研究人类需要提供了有效的工具。

在现实生活中，压力并非是一件完全坏事，如果缺了它，人类自己还要创造出压力。最简单的例子莫过于我们宁愿承担心理压力也要把事情拖到最后一分钟去做。不只是对那些令人不快的、不想去做的事情如此，即使对那些我们愿意去做，有必要去做，做完后感到充实、感到有价值的事也同样如此。我们之中许多人似乎只有在经历这种压力时工作才能完成得更出色，就像伟大的法国文学家巴尔扎克只有在债台高筑之时才写作一样。

心理学家认为，人的心理是有弹性的。就像弹簧一样，你越是挤压它，它的弹力就越大。同样，在心理压力下，生存需求和社会动机会将人的潜力激发出来。在一定程度范围内，压力越大，激发潜力的可能性就越大。

有压力的人生，才会是成功的人生。不过，多大的压力才算

超越自我的人生心理学

是正常的却不好界定，因为每个人所能承受的压力并不相同。假如压力低于承受力，我们会觉得索然无味，缺乏刺激。这同样会产生心理和生理问题，正如压力所能带来的损害一样。假如压力超出承受力，我们就会感到紧张过度，最终被压垮。一旦出现过度紧张状况，我们可以想方设法降低要求，直到把它限制在力所能及的范围内，或者还可以想办法增强承受力，直到它能满足要求为止；也可以同时既降低要求，又增强承受力，直到两者达到一个和谐的可以接受的程度。

心理学家描述了应对压力时人的生理反应过程：身体被警告（警觉反应）、无意识活动被激发（反抗阶段），如果反应持续时间过长，就会造成损害，使人垮掉（精疲力竭阶段）。这三种状态实际上是生物模式，描述了人对压力的生理反应。人生过程中的心理压力无处不在，适度的心理压力能使个体的潜能激发。但是，过度的心理压力则有可能带来心理崩溃的严重后果。战胜压力能够让人生在有挑战的过程中逐渐完美。

第二章　在人际关系中发掘财富

一个小男孩在院子的沙坑里玩耍。他在沙坑里发现一块巨大的岩石,就开始挖掘岩石周围的沙子,试图把它从沙坑中弄出去。他的力气很小,而岩石却很大,他下定决心,用尽了各种方法,一次又一次地向岩石发起进攻,可是,每当他刚刚觉得取得了一些进展的时候,岩石便滑落了,又重新掉进了沙坑。最后,他伤心地哭了起来。

这整个过程,男孩的父亲从窗户里看得清清楚楚。父亲来到了他跟前说:"儿子,你为什么不用上所有的力量呢?"

"但是我已经用尽全力了,爸爸。我用尽了我所有的力量!"

父亲弯下腰,抱起岩石,将它搬出了沙坑,说:"不对,儿子,你并没有用尽你所有的力量。你没有请求别人的帮助。"

地球上有很多威猛的动物,如老虎和狮子,但是它们却无法战胜人类而成为世界的主宰。这是为什么呢?因为这些猛兽总是独来独往,而人类很早就学会了合作,并以此在世界上立足。后来人类又学会了交换(这是任何其他动物都不具备的行为),使人类在区区数千年的时间里就统治了地球。要知道,上一位地球的霸主——恐龙,它完成这个任务用了好几百万年。

在通往成功的路上,抱着顽强的态度与执着的精神固然不错。

但个人的力量毕竟是有限的，拥有良好的人际关系，学会合作与双赢，借助群体的力量，才能使人迅速成功。

人不能脱离群体而存在

1545年，意大利的一位公爵为了让自己名垂不朽，决定委托画家绘制佛罗伦萨圣罗伦教堂的壁画。在众多的候选人中，他最后挑选了庞托莫。

庞托莫不希望别人看到他伟大作品的创作过程，于是把自己封闭起来，从来不见外人。他自信米开朗其罗也不如他。他在教堂工作了11年，在此期间，他很少离开，而且惧怕和人接触。不幸的是，壁画还没有完成庞托莫就去世了。后来，人们看到的这些壁画比例完全不对，画面交叠，不同故事的人物并列在一起，数量之多令人眼花缭乱。

庞托莫太执迷于细节了，丧失了构图的整体意识。这11年的创作非但没有将庞托莫的绘画生涯推向高峰，反而毁灭了他，因为他把自己困在封闭的屋子里走不出来了。

人类在本性上是群居的动物。从一般意义上看，人作为社会成员，有着强烈的合群需要。交往可使个体在心理上产生一种归属感和安全感，有助于形成良好的心境，维持机体平衡，保持身心健康。在生活中，那些善于或乐于交往的人，精神生活往往更丰富，身心也更健康；反之，那些孤僻、不合群的人，往往有更多的烦恼和难以排遣的忧愁，因而会有更多的身心健康的问题。如果长期无法满足交往需要，就可能由于孤独、寂寞，导致精神

第二章　在人际关系中发掘财富

失常。另外，从个体健康发展的角度看，人际交往也有着极其重要的意义，因为交往在个体的社会化过程中发挥着不可缺少的作用。

政治哲学家马基雅维利曾有过这样的比喻：在严格的军事意义下，建筑堡垒是一项错误；堡垒会变成力量孤立的象征，成为敌人攻击的目标。原始设计用以防卫的堡垒，事实上截断了支援，也失去了回旋的余地。堡垒可能固若金汤，然而一旦将自己关在里面，人们都知道你的下落，你就会成为众矢之的。围城不见得要成功地攻破，围困就足以将敌人的堡垒变成监牢。由于空间狭小而隔绝，堡垒更容易受到瘟疫和传染病的侵袭。在战略意义上，孤立的堡垒不但没有防卫功能，事实上，制造出的困难胜过了它所能解决的问题。

长期的离群索居会让人的思想偏离正常状态。那些自命不凡的人或许可以通过沉思默想掌控大局，但是他们却无法意识到自己的局限，而且孤立的状态一旦形成就很难改变。因为他们在不知不觉中，已经把自己深深地陷入了与人隔绝的境地。即使想回到人群中，也因为失去了许多交流的机会而变得非常困难。

【心理研究：感觉剥夺实验】

被试者戴上眼罩，穿上特制的衣服，单独进入一个完全隔音的实验舱里，安静地躺在一张舒适的床上，室内非常安静，听不到一点声音，一片漆黑，看不见任何东西，两只手戴上手套，并用纸卡卡住。饮食事先安排好了，用不着移动手脚。总之，人感受不到来自外界的任何刺激。从实验室的观察窗可以看到，实验

超越自我的人生心理学

开始时，被试者还能安静地熟睡。稍后，被试者开始失眠，变得焦躁不安。

被试者坚持的时间一般是2～3天，结束实验时，会出现幻觉和轻微的神经官能症。而且被试者坚持的时间越长症状越明显。这个实验说明，来自外界的刺激对维持人的正常生存是十分重要的，人不能离开感觉，也不能离开群体。在原始社会，对部落中的罪犯最大的惩罚就是所有人都不理睬他。同样，在现代监狱制度中，有过失的犯人都会单独囚禁作为惩罚。

个体出生时只是一个生物学意义上的人，在正常情况下，出生后就落入人际交往之中。个体在与家人、同伴的交往中，积累了社会经验，学到了社会生活所必需的知识、技能、态度、伦理道德规范等，逐步摆脱了以自我为中心的倾向，意识到了集体和社会的存在，意识到了自我在社会中的地位和责任，学会了与人平等相处和竞争，养成了遵守法律及道德规范的习惯，从而自立于社会，取得社会的认可，成为一个成熟的、社会化的人。相反，脱离人类社会的个体，身心会遭受严重的打击，甚至难以发展成为真正意义上的人。1920年，印度发现的名叫卡玛拉的狼孩，卡玛拉出生后就脱离人类社会，同狼一起生活，回到人间时已8岁，她不会言语只会嚎叫，智力低下。虽经过科学家们悉心照料和训练，仍未能实现人的社会化，直到她17岁生命尽头之时，也无法学会人类语言，且她的智力水平仅相当于4岁的儿童。这充分说明了个体与周围人之间的交往在人的健康发展方面的重要性。

无论如何，人都不能把自己孤立起来，这是经过科学证明的。因此，必须与他人保持频繁的接触，只有这样才能让你在社交中

第二章　在人际关系中发掘财富

脱颖而出。优越而从容的技巧是在与人交往的过程中逐渐培养起来的，离群索居只能导致孤立。那些自命不凡的人孤立地生活在自己的世界里，他们没有意识到自己的渺小与局限。这种孤立的境地使他们更加孤陋寡闻。

在环境不确定甚至十分危险的时刻，人们必须战胜想要退缩的欲念，反其道而行之，让自己更容易与人交流，逼迫自己进入各种形形色色的圈子里，这是自古以来成功者的秘诀。

贵人离你并不远

俄国革命之后，由于国内战争和外国武装力量的干涉及封锁，俄国经济已凋敝不堪，国内食品供应非常紧张。美国亿万富翁哈默瞅准机会，做起了粮食贸易。在这次贸易中他赚了不少钱，更重要的是因为帮助新生的苏维埃政权化解了燃眉之急，他与列宁因此缔结了真挚的友谊。

1921年，哈默发现在俄国建立铅笔厂是很好的投资。凭借与列宁的特殊关系，他迅速取得了在俄国生产铅笔的许可。但是制造铅笔的技术被德国纽伦堡的德伯铅笔公司垄断了。哈默又通过朋友找到了德伯公司的乔治·拜尔，许以重金聘为铅笔厂的工程师。

哈默铅笔厂建成后，第一年的产值就达250万美元，第二年迅速增长到400万美元。

人际交往是指两个或两个以上的社会主体（个体或群体）之间运用语言或非语言符号交换意见、传递思想、表达感情和需要等的交流过程，包括物质交往和精神交往。

人际交往是人类特有的需要，是在人类社会历史发展过程中产生的，是人类不可缺少的生活方式，也是人类的本质表现。人际交往是人们共同活动的特殊形式，任何个人或群体进行的交往，总是为了达到某种目的，满足某种需要而开展的，并通过言语、表情、手势、体态以及社会距离等来实现的。

积极的人生态度和良好的人际关系，是事业成功的催化剂，它会使人变得活泼，富有进取精神，充满干劲。反之，冷漠、消极的人生态度和生硬的人际关系，会把自己置于重重障碍之中，限制自己的发展。要想成就事业，就要善于沟通，建立和谐、良好的人际关系。在迈向成功的道路上，一个人孤军奋战是不行的，必须联系志同道合的朋友。在成功时，相互交流经验和分享快乐；在失败时，相互倾诉和鼓励，从而取得更加辉煌的成就。有的人认为有价值的朋友很难找到，这是不正确的。实际上，随着通讯和运输手段的现代化，人与人之间的物理距离越来越短，唯一能够将人阻隔开的其实是心理距离。良好的人际关系，不是一朝一夕就能够建立起来的，需要用真诚和智慧逐渐营造。

【心理研究：六度分离】

美国著名的社会心理学家斯坦利·米尔格兰姆发现了"六度分离"理论。它起源于一个"小世界现象"的假说，意思是任何两个素不相识的人中间最多只隔着6个人，换句话说，只用6个人就可以将两个陌生人联系在一起。

米尔格兰姆招募到300名志愿者，请他们邮寄一封信函给一

第二章　在人际关系中发掘财富

名股票经纪人。由于几乎可以肯定信函不会直接寄到目标，他就让志愿者把信函发送给他们认为最有可能与目标建立联系的亲友，并要求每个转寄信函的人都发一封信给他本人，以追踪信件的去向。出人意料的是，有60多封信最终到达了目标手中，并且这些信函经过的中间人的数目平均只有5个。也就是说，陌生人之间建立联系的最远距离是6个人。

在随后的30多年中，研究人员对六度分离理论进行了反复的计算和验证，发现世界虽然很大，但是如果将每个人自己的人际关系网络考虑进去，人与人的距离其实很小。能够帮助我们的"贵人"其实就在不远的地方。

现代心理学和社会学的研究已经证实，良好的人际关系具有四大功能。

首先，是产生合力。平时，我们常说的"人多力量大""团结就是力量""人心齐，泰山移"，就是这个道理。在现代社会里，分工细化，竞争残酷，单凭一个人的力量是根本无法取得事业上的任何成就的，只有借助众人之力，才有可能创造辉煌的人生，而要获得众人的帮助，使之上下一心，攻克目标，那就必须学会搞好人际关系。

其次，是形成优势互补。俗语说：一个篱笆三个桩，一个好汉三个帮。一个人，即使是天才，也不可能样样精通。所以，若要完成自己的事业，就必须善于利用别人的智力、能力和才干。然而，用人并不仅仅是一种雇佣与被雇佣的关系，要最大限度地调动下属的工作积极性，就必须掌握一定的人际技巧。在一个人开拓自己的事业时，总要遇到自己力所不及的困难，这时良好的人际关系则会助你一臂之力，为你扫清障碍。

再次，人是一种感情动物，必须时刻进行感情上的交流，需要获得友谊。在迈向成功的道路上，要想坚持到底，仅仅依靠信念的支撑是不够的，还必须有友谊的滋润。良好的人际关系会使你获得一种强大的力量和热情，在成功时得到分享和提醒，在挫折时得到倾诉和鼓励，这必将会有助于你心理的有益平衡，从而更有勇气迈向新的征程。

最后，在现代社会中，掌握了信息就等于把握住了成功的机会。一条珍贵的信息可以使人功成名就腰缠万贯，而信息闭塞也可能会使人贻误战机，遗憾终生。广交朋友，善处关系，是一条十分有效的获取信息的途径，这样你就能够在竞争中始终处于一种领先的地位，取得事业上的成功。不过社会关系不是雨后春笋，自己会长出来，不需要人的料理。社会关系不仅需要培养，也需要维护。否则"人一走，茶就凉"，会使得已经做出的努力付之东流。不论对上对下、对内对外，良好的人际关系就是一笔巨大的投资，必然会在你需要的时候给你丰厚的回报。

心理测验四：交往能力

人生活在社会中，彼此间要传递信息、协调关系，必须通过相互交往，因此人际交往是最基本的社会活动。通过人际交往，人与人之间总会建立起一定的联系，形成相对稳定的社会关系。人际关系是人际交往的必然结果，交往能力影响着人际关系的质量。下面这个测试可以使你了解自己的交往能力。

第二章　在人际关系中发掘财富

1. 出门旅行度假时，你——

A. 通常很容易就交到朋友。

B. 喜欢一个人消磨时间。

C. 希望结交朋友，但难以做到。

2. 和一个同事约好了一起去跳舞，但下班时你感到筋疲力尽，这时同事已回去换装，你会——

A. 仍去赴约，尽量显得情绪高涨。

B. 去赴约，但询问如果你早些回家，对方是否在乎。

C. 你决定不去赴约了，希望对方谅解。

3. 你与朋友的友谊能保持多久？

A. 大多是日久天长式。

B. 有长有短，志趣相投者通常较长久。

C. 弃旧交新是常有的事。

4. 结交一位朋友，你通常是——

A. 通过各种场合的接触。

B. 经过时间、困难的考验而决定交往。

C. 由熟人朋友的介绍开始。

5. 你的朋友，首先应该——

A. 能使人快乐轻松。

B. 诚实可靠、值得依赖。

C. 对我有兴趣、关注我。

6. 你的表现是什么样的？

A. 和我在一起，人们总是随意自在。

B. 我走到哪儿就把笑声带到哪儿。

C. 我使人沉思。

7. 别人邀你出游或表演一个节目你往往——

A. 兴趣盎然地欣然前往或允诺。

B. 找借口推脱。

C. 断然拒绝。

8. 与朋友们相处，你通常的情形是——

A. 倾向于赞扬他们的优点。

B. 不吹捧奉承，也不苛刻指责。

C. 以诚为原则，有错就指出来。

9. 如果别人对你很依赖，你的感觉是——

A. 我喜欢被依赖。

B. 总的来说，我不在意，但如果他们有一定的独立性就更好了。

C. 避而远之。

10. 走入一个陌生的环境，对那些陌生人，你——

A. 常能很快记住他们的名字和某些特点。

B. 想记住这些信息但失败时居多。

C. 不去注意这些东西。

11. 对我来说，结交人的主要目的是——

A. 使自己愉快。

B. 希望被人喜欢。

C. 想让他们帮我解决问题。

12. 对身边的异性，你——

A. 接近他们，彼此相处愉快。

第二章　在人际关系中发掘财富

B. 只是必要的情况下才去接近他们。

C. 与他们互不来往。

13. 朋友或同事劝阻批评你时，你总是——

A. 愉快地接受。

B. 只能部分地接受。

C. 断然否决。

14. 在编织你的人际网时，被考虑的人选一般是——

A. 诚实心地善良的人。

B. 社会地位不超过自己的人。

C. 我的上级及权势者。

15. 对那些精神或物质上帮助过你的人，你——

A. 铭记在心，永世不忘。

B. 认为这是作为朋友的义务，无须拘泥小节。

C. 时过境迁。

选 A 得 1 分、选 B 得 3 分、选 C 得 5 分。

总分为 58～75 分的人，你编织社会网的技能较差，你的郁郁寡欢是比较明显的。你常常使自己独自徘徊于众人之外，颇有拒人千里之外的意味，你过去的绝大多数行为都在向人发出这种信号。这种定势一经形成，你即使想走回人群，也比较难。因为你给人的印象已经形成。切记，再强的人也有软弱需要他人帮助的时候。

总分为 30～57 分的人，你编织社会关系网的技能中等。你会有不少相处得不错的朋友，但出于各种原因，真正与你剖腹相待的知己却不多，似乎总有层障碍隔在你们之间，你应该找找缘由所在。

总分为 15～29 分的人，恭喜你！你是个编织社会关系网的能手。你凡事处理得当、合情合理，很有艺术；但又不八面玲珑、圆滑逢迎。你的所作所为处处透着诚实坦白的魅力，无论你走到何处，笑脸和友善总在你周围。

我为什么要听你的？

在第二次大战期间，斯大林在军事上最倚重的人有两个：军事天才朱可夫元帅和总参谋长华西里耶夫斯基。

斯大林在晚年逐渐变得独裁，"唯我独尊"的个性使他不允许有人比他高明，更难以接受下属的不同意见。提出正确建议的朱可夫曾一度被斯大林赶出了大本营。但有一人例外，他就是华西里耶夫斯基。他的妙招之一，便是潜移默化地在休息中施加影响。

华西里耶夫斯基喜欢"闲聊"，并且往往还会"不经意"地"随便"说说军事问题，既非郑重其事地大谈特谈，也不是讲得头头是道。由于受了启发，等华西里耶夫斯基走后，斯大林往往会想到一个好计划。过不多久，斯大林就会在军事会议上宣布这一计划。

华西里耶夫斯基在和斯大林交谈时，有时会有意识地犯一些错误，给斯大林充分的机会去纠正错误，表现其英明，然后把自己最有价值的想法含混地讲给斯大林，由斯大林形成完整的战略计划公开"发表"。斯大林的许多重要决策就是这样产生的。

第二章　在人际关系中发掘财富

作为一个朋友，仅仅"认识"是不能让他成为你成功的助力器的。在现代社会中，很少人能够做到事事亲历亲为，尤其是希望做大事的人，更不能离开与他人的合作。那么如何才能让他人真诚的与你合作呢？除了现实的利益基础，还要靠出色的影响力和高超的说服力，让别人同意你的看法，或者按照你的计划去行事。

美国心理学家T·理瑞曾经归纳出人际交往行为的八种模式：

	主动行为	反应模式
正效应	管理、指挥、指导、劝告、教育	尊敬、服从
	帮助、支持、同情	信任、接受
	同意、合作、友好	协助、温和
	尊敬、信任、赞扬、求援	劝导、帮助
负效应	害羞、礼貌、服从	骄傲、控制
	反抗、怀疑	惩罚、拒绝
	攻击、惩罚、不友好	敌对、反抗
	激烈、拒绝、夸大、炫耀	不信任、自卑

从中可以看出，构成人际关系的成员在彼此接触中，利用言语和非言语形式，进行信息交流，必然会影响对方的心理和行为，表现出一定的互动效应，这种互动效应表现为引发依从行为（实施影响方）或表现出依从行为（接受影响方），如汽车销售商怂恿消费者接受高价，或者珠宝商建议顾客买更大的珠宝。

那么，有什么方式能够使对方做出你愿望中的依从行为呢？

最主要的方式是言语劝说。劝说在形式上其实是一种双向的思想交流，而实质是一种有目的的说服过程。通过劝说，能使双方的认识、理解、观点渐趋接近,达到转变思想、纠正错误、解决矛盾的目的。然而,劝说的对象通常是有思想和观点的成人,因此要达到劝说目的并不容易。有人费尽口舌却毫无效果,而有人却能使被劝说者心悦诚服地改变原有态度。影响劝说效果的因素是多方面的,劝说成功与否,既取决于交谈双方的主客观条件,又取决于劝说者所掌握的谈话技巧。

与谈话相比,行为本身更具有说服力。这是因为从众是群体对个体的重要影响效应,要使个体依从于某一种指示,可以通过营造一种信息性影响的情形,使个体发生类似于从众的行为,参照和采纳群体的行为。因此,示范所期望的行为将有助于促成依从行为。

【心理研究:浴室试验】

美国加州大学圣克鲁兹分校的管理者希望学生们节约用水。管理者认为贴一张告示就能约束学生的行为。告示要求洗浴者按照以下步骤节约用水:"淋湿——关水——打肥皂——冲洗干净"。在五天的时间里,只有6%的人按照建议程序洗澡。当告示被更显眼地固定在浴室门口的三脚架上时,依从者增加到19%。但是有的洗浴者会很厌烦地把它打翻在地,然后冲洗更长时间。心理学家阿隆逊建议将所有的告示撤除,由一名模特来示范适当的洗浴行为。当浴室空无一人时,示范者打开水龙头,背朝浴室入口等候有人进来。一旦他听到有人进来,就按照程序关水,打肥皂,冲洗干净然后离开。这种情况下,有49%的人发生了依从行为。当采用两名模特时,示范效应影响了67%的人。

第二章　在人际关系中发掘财富

在人际交往中广泛存在着互惠规范，也就是当你为某人做了些事情，那人就会觉得应该为你做些事情。心理学研究表明，即使是非常小的恩惠也能引导被试者反过来给予比较大的恩惠。这种以小利以追求大利的策略，实质上是从互惠规范衍生出的一种依从技巧，即迫使对方回报以相应的善意举动。与之类似的，如果对方做出了一些的让步，就说明还有可能承诺一些更重要的事情。在一些研究中，那些同意接受较小请求（如在请愿书上签名）的人，接下来会有可能同意接受较大的请求（在草坪上插上大标志牌），这通常被称为"登门槛技术"，即一旦有一只脚跨入了门槛，就能利用承诺感增加随后的依从性。

有时我们也会发现，我们会受一些影响去做一些自己不愿意做的事情，如受人影响而买了自己并不特别喜欢或满意的产品，甚至受到"托儿"的影响而被人骗去钱财等。因此，我们有必要采取一些策略去抵制这种不良影响：尝试去忽略毫无意义的恩惠；尝试避免愚昧地去追求同某些人保持一致；行动之前要先花时间做理性的思考和推理。

发挥情绪的感染力

越南战争初期，一队美国士兵在稻田与北越军队激战。这时，战场上突然出现了六个和尚，他们排成一列走过田埂，毫不理会猛烈的炮火，镇定地一步步穿过稻田。

当时的指挥官大卫·布西在回忆那段往事时说："这群和尚目不斜视地笔直走过去，奇怪的是竟然没有人向他们射击。他们

超越自我的人生心理学

走过去以后,我突然觉得毫无战斗情绪,至少那一天是如此。其他人一定也有同样的感觉,因为大家不约而同停了下来,就这样休兵一天。"

在心理学上,说服与感染的作用是完全不同的。被说服者一般是处于理性状态的,随时有可能因为客观环境的变化而改变。但被感动的人的依从心理已经直达内心,将依从行为内化为主动行为。

在每次与人交往过程中,我们都在不断地传递着情感信息,影响着周围的人,同时也在不断接受他人的情感信息。在大多数的情况下,这种交流与感染比较间接与隐秘,不为大多数人所察觉,但这种感染作用确实存在。人们都喜欢与热情大方开朗的人接近,从他们身上可以感受到勃勃向上的生命的力量,难道他们从不曾忧郁、悲伤与痛苦吗?当然不是,他们所掌握的不过是懂得如何将情绪在合适的时间和合适的地方投射到他人身上。

人际关系的一个基本定理就是情绪的相互感染,这是影响力的一个重要体现。人们在交往中,彼此传输和捕捉相互的情绪信息,并汇聚成心灵世界的潜流,通过这股潜流的涌动来感染影响对方的情绪。对这种情绪控制的能力越高,社交中的影响力就会越大。

【心理研究:吸引过程】

根据心理学家勒温格和斯诺尔克的研究,人际关系发展按彼此吸引的过程看,大致可以分为五个阶段。

第一阶段:陌生,互不相识,可能均未注意到对方的存在。

第二章　在人际关系中发掘财富

第二阶段：单方（或双方）注意到对方的存在，知道对方是谁，但没有接触。

第三阶段：单方（或双方）受到对方的吸引，与之（或彼此）接近，形成表面接触。第一印象就在此阶段形成。

第四阶段：双方交互感动，开始了友谊关系。此时，开始把对方视为知己，愿意分享信息、意见和感情。对人开放自我的心理历程，称为自我表露。

第五阶段：在感情上相互依赖，尤其在痛苦或快乐这两种情感状态时渴望朋友在身边。如双方是同性，则成为至交；如是异性，就可能上升为爱情。

通常情况下，前三个阶段发展一般会顺利，到第四阶段就不容易了。

人们在交往时，情绪传递的方向总是从表达能力较强的一方指向相对较被动的一方。某些人特别容易受到情绪的感染，也就极易动容。

善于顺应他人情绪或使他人情绪顺应你的步调，必然能够提升影响力，并建立良好的人际关系。成功的领导者或者富有感染力的演讲家都具有这一特征，能用这种方式调动千万人的激情或眼泪。

一般的爱憎分明没有这么直接，而是隐藏在人际接触的默默交流之中。在每次接触中彼此的情绪交流感染，仿佛一股不绝如缕的心灵暗流，当然并不是每次交流都很愉快。这种交流往往细微到几乎无法察觉，譬如说，同样一句"谢谢"，可能给你愤怒、被忽略、真正受欢迎、真诚感谢等不同的感受。情感的感染是如

超越自我的人生心理学

此无所不在，简直让人叹为观止。

情绪的感染通常是很难察觉的，专家做过一个简单的实验，请两个实验者写出当时的心情，然后请他们相对静坐等候研究人员到来。两分钟后，研究人员来了，请他们再写出自己的心情。注意这两个实验者是经过特别挑选的，一个极善于表达情感，一个则是喜怒不形于色。实验结果，后者的情绪总是会受前者感染，每次都是如此。这是因为人们会在无意识中模仿他人的情感表现，诸如表情、手势、语调及其他非语言的形式，从而在心中重塑对方的情绪。这有点像导演所倡导的表演逼真法，要演员回忆产生某种强烈情感时的表情动作，以便重新唤起同样的情感。

感动他人的时候有以下四个原则：

对方无论对错，都有其理由，因此要尊重对方。古人说："小偷也有三分理由。"谅解对方，会使人感动。

让对方感到他是重要的。每个人都喜欢受人注目，也希望别人能称道自己的长处。他不过是一个一般的职员，你在介绍他时却说他是单位的业务骨干，他一定会很受感动。

投其所好，特别是雪中送炭，会令人感动。

发自内心的感情。无论你想在哪个方面感动别人，都要尽量显露自己的真实情感，这是非常重要的。

如果你成功地感动了他人，对方的本能防线就会完全崩溃，这时你就可以尽你的所能，最大限度地施加你的影响了。

第二章　在人际关系中发掘财富

心理测验五：影响力

有些人身上会产生一种威严，他们讲话时会有人倾听，他们想要什么就会得到，而且不会带来任何质问。这来自于他们的影响力。

下面这则心理测验测定你的影响力。如果你是个权威人士，你的举止就会有意无意地促使人们重视并遵从你的意见。有权威的人的资本就是一种气质和举止，能使人们倾向他们并按照他们的意图去做。他们好像生来就具有影响他人的能力。

迅速而诚实地回答以下问题，你将会了解并领会影响力，更有效地运用影响力。

1. 你在某一运动、活动或知识领域中是否是一位专家？

A. 是。

B. 否。

2. 你是否觉得自己很有教养？

A. 是。

B. 一般。

3. 假如你经营一家运动器材商店，一位顾客走进店来，要买一艘独木舟和一根棒球棍，你将先卖哪一样？

A. 先卖棒球棍，因为它便宜，如果你要别人买东西，最好把自己置于购买者的情绪中。

B. 先卖独木舟，因为它贵，生意做成了，收入也大。

4. 你是否觉得你能应付许多场合？

A. 是。

B. 某些场合可以。

C. 否。

5. 你的身高——

A. 170cm 以下

B. 170cm ~ 180cm

C. 180cm ~ 190cm

D. 190cm 以上

6. 你更乐于接受下列哪种陈述？

A. 我对语法没有把握。

B. 我的口才很好。

7. 你认为下面的陈述是"对"还是"错"："你要在生活中取得成功，并不需要别人喜欢你，重要的是他们敬畏你。"

A. 对。

B. 错。

8. 如果客观地评价，不必太谦虚或自负，那么你对自己魅力的评价怎样？

A. 非常出众

B. 出众

C. 一般

D. 差

E. 很差

9. 通常你喜欢哪种款式的衣服？

A. 奇装异服，使人看一眼不能忘。

B. 时髦的。我不领导潮流，但也不是守旧的人。

第二章　在人际关系中发掘财富

C. 传统服装。

D. 欧洲款式。

E. 非常随便，不喜欢穿套服。

F. 凑凑合合。

G. 便宜的服装。

10. 你是否在意别人如何看待你？

A. 是，非常在意。

B. 有一些。

C. 有点儿。

D. 很少。

E. 一点儿也不。

11. 你喜欢电视节目里的喜剧情节吗？

A. 是。

B. 有一些。

C. 不喜欢。

12. 有人说：只要目的正当，可以不择手段。你认为如何：

A. 同意。

B. 在某些场合是对的。

C. 不同意。

13. 你更乐于接受以下哪种陈述？

A. 生活中言行一致是很重要的。

B. 言行一致不必过分强调。

14. 你对以下陈述抱什么态度："如果你给别人一些东西，他们并不感激你，他们只欣赏那些经过奋斗而得之不易的东西。"

超越自我的人生心理学

A. 同意。

B. 不同意。

15. 你发现赞扬别人是件容易的事还是困难的事？

A. 我很自然地赞扬别人

B. 我很少这样做

16. 当你要和别人讨价还价时，如买卖汽车或加薪，你会使用以下哪种策略？

A. 我的开价大大高于我所希望得到的。

B. 我开价高于我所希望特别的15%左右，这样买卖双方都有余地。

C. 我不喜欢讨价还价，我更愿意立即告诉人们怎样才公平，省略讲价过程。

17. 下面几种说法你更倾向于哪一种？

A. 当权者不必多解释，只要说："去做这件事！"

B. 当权者要某人做某事时，要告诉他这样做的理由。

依下列评分标准，将你的答案分数加起来，就是你的总分。最高85分，最低17分。

	1	2	3	4	5	6	7	8	9
A	5	5	1	5	1	1	1	3	1
B	1	2	5	3	3	5	5	5	4
C	–	1	–	1	5	–	–	3	5
D	–	–	–	–	2	–	–	2	3
E	–	–	–	–	–	–	–	1	3
F	–	–	–	–	–	–	–	–	2
G	–	–	–	–	–	–	–	–	1

第二章 在人际关系中发掘财富

	10	11	12	13	14	15	16	17
A	1	1	5	1	5	5	5	1
B	2	2	4	5	1	1	3	5
C	3	5	1	–	–	–	1	–
D	4	–	–	–	–	–	–	–
E	5	–	–	–	–	–	–	–

总分在 73～85 分，你确实是一位具有影响力的人，你综合了生理特征、心理性格和政治态度，使人们遵从你，不管你是否在意，你是理所当然的权威人士。

总分在 59～72 分，你颇具权威人士的气质，也许你在这方面的天性并不完全像权威人士，但你可能在你的专业方面有特殊的影响力。当你来到一个不舒适或不熟悉的环境时，你的影响力会下降。

总分 40～58 分，你所具有的影响力比你意识到的更多，有许多人被你的言行所影响。事实上，你不是那种花费时间和总统、部长们共进午餐的人，而是属于像老板那样被下属尊重的人。

总分 31～40 分，你可能不具有很大的影响力，这就要求你做得更好。也许你喜欢保持一种低微的形象，或成为其他人施加影响力的对象。如果你想成为有影响力的人，你将会有所发现。

总分 17～30 分，你最终是个被人支配的人。别人要你做什么你就做什么。当你走进店门的时候，售货员的眼睛亮了，他们知道，如果他们试着把整个商店卖给你，你也会买下。如果你是这样，那么，你首先要学会的应该是如何说"不"。

留下良好的第一印象

心理学家 A.鲁钦斯曾做过这样的实验：给两组学生观看同

超越自我的人生心理学

一个人的照片。在看这张照片之前,对一组学生说,照片上的人是一个十恶不赦的罪犯;对另一组学生说,照片上的人是一个著名的学者。然后让这两组学生分别从这个人的外貌来说明他的性格特征。

结果,他们对同一张照片做出了截然不同的解释。第一组学生说:那深陷的目光里隐藏着险恶,而高高的额头表明死不悔改的顽固。第二组学生则说,深沉的目光表明他思想的深刻性,高高的前额表明他在科学探索道路上的无坚不摧的坚强意志。

心理学家说,你永远无法给一个人第二次留下第一印象。这称为"首因效应",就是指素不相识的双方经第一次交往留下的印象,对双方继续交往产生的影响作用。一般而言,第一印象好,双方继续交往的积极性就高,良好的关系就可能逐渐形成与发展;反之,则可能无法建立相对亲密的关系。

首因效应之所以会产生深远的影响,就在于它能起到印记作用和泛化作用。

凡被人感知过的事物,都会在人脑中留下一定印记,但印记的深浅程度却迥然不同,因而在头脑中保留时间的长短也明显不同。新异的事物容易引起情绪、情感的剧烈波动,往往能在头脑中留下较为深刻的印记,保留的时间相对较长。由于交往双方是第一次接触,彼此都有一种新异的探究之心,对言行举止就特别敏感,因而双方的表现容易在心灵中留下鲜明的印记。这种印记一旦形成,就具有相对稳定性,不容易消除,只有在重大事件的强烈刺激下,才会被新的印记所掩蔽,从根本上转变对对方的评价或看法。

第二章　在人际关系中发掘财富

另外，交往双方的首次接触提供给对方的信息是相对有限的，但在知觉整体性特征的影响下，凭借有限的信息同样能够构成一种整体印象，形成一种基本的看法，这种看法就可能对人的言行做出具有倾向性的评价。

【心理研究：首因效应】

心理学家研究发现，相貌因素和性格因素对第一印象的形成会发生重要的影响。

虽然一般认为对人评选时不应以貌取人，但对方的相貌是影响观察者第一印象的重要原因之一。心理学家克里夫德和华斯特尔，将一份载有各项记录的小学五年级学生的资料卡复印若干张，并分别贴上不同的照片，然后，请多位五年级教师根据照片与卡片的记录推测学生能力的高低。结果发现教师们不约而同地评定相貌好的学生智力较高。

与人初次接触，一定也会注意到对方在言行举止上表现出的性格特征，而性格特征表现出来的先后顺序也影响第一印象。心理学家阿什将同样的六种性格特征以不同的顺序排列，并分别假设属于A和B两人，即A的性格特征是：精明的、勤勉的、冲动的、善辩的、倔强的、嫉妒的；B的性格特征是：嫉妒的、倔强的、善辩的、冲动的、勤勉的、精明的。然后让同样的受试者凭主观感觉评定对两人的印象如何。结果发现，受试者多对A留下正面的印象。

那么如何才能给人以良好的第一印象呢？

美国心理学家安德森曾列出550个描绘人品的形容词，让人们指出其中所喜欢的品质,结果表明,待人真诚在交往中最受人们喜欢。待人真诚可以表现在许多方面,而讲真话、实事求是是最为重要的。有的人却善于口是心非、半推半就、转弯抹角、虚情假意,这种人是不受欢迎的,即使别人对虚伪者不予当面揭露,但心中却非常清楚。真诚也体现在守信守时方面。有人与他人相见时总要比约定时间晚一些,以体现自己的身价,这种缺乏诚意与平等的交往常会使人极为不满。真诚还体现在承诺方面。有的人为了显示自己的才能,取得他人好感,喜欢作虚假承诺。言过其实不仅使对方对你的人品表示怀疑,而且承诺不能兑现,则会使承诺者的形象因此而一落千丈。在首次交往中,双方都十分敏感,稍有不注意就可能给对方留下不良印象,给继续深交带来不利。

言行举止是人际交往的主要形式,也是一个人素质、修养水平的具体体现。稳重大方、温文尔雅的言行举止受人尊重,而轻浮虚伪、粗俗不雅的言行举止则使人生厌。有些人与他人交谈时,忽视了言语交往的双向性,或只听不讲,或只讲不听。听时心不在焉,或毫无表情地缄默;讲时滔滔不绝,不顾对方的想法而无限发挥,甚至脏字粗话脱口而出,使对方感到十分尴尬和不快。更有甚者,有些人的行为让人反感,他们对地位高的人表现出一付巴结的样子,而对地位低的人则表现出趾高气扬,傲慢无礼,这种人显然无法给人留下良好的第一印象。在与人初次接触时,如果希望让对方留下良好的印象,应尽量把自己的优点提前呈现出来。

第二章　在人际关系中发掘财富

互相悦纳是合作的基础

三国时期，陈琳是袁绍的谋士，他非常有才华。有一次，袁绍打算进攻曹操，令陈琳写檄文。陈琳用了不到一炷香的时间就完成了三篇檄文，他把曹操骂得狗血喷头，连曹操的父亲、祖父都一同骂了。看了檄文之后，曹操气得火冒三丈，差点没休克过去。

毕竟曹操是三国中的大将，他兵多将广，那场战争的结果是袁绍兵败，陈琳被俘。曹操手下的人都劝他将陈琳的头砍了，省得他再骂人。但是曹操没有那样做，他钦佩陈琳的才华，不但没有杀他，反而抛弃前嫌，委以重任。曹操的高姿态将陈琳感动得痛哭流涕，后来，他为曹操出谋划策，立下了赫赫战功。

俗语说：将军额头能跑马，宰相肚里能撑船。也就是说，像将军、宰相这样的成功人士，必然是心胸宽广，能接纳别人的度量。

同样是三国时期叱咤风云的人物，曹操有着政治家的胸怀，他广纳贤士，笼络人才。而周瑜则嫉贤妒能，没有作为一名大将应有的度量，容不得超过自己的人。诸葛亮是何等充满智慧的人物，周瑜却总想和他一比高低。赤壁之战，周瑜损兵马、费钱粮，诸葛亮不费一兵一卒，却大获全胜，气得周瑜眼冒金星。后来，周瑜用美人计，骗刘备去东吴成亲，被诸葛亮将计就计，最后是"赔了夫人又折兵"，活活被气死。

宽容待人，是成功者的风度，这种风度不是装出来的，而是发自灵魂深处的内在修养，是一种良好习惯的表露。只有真正放开胸襟，做到宽容待人，才能取得成功之冠上的宝石。

有的人总期待对方是一个十全十美的交往伙伴，有时甚至把

超越自我的人生心理学

自己都难以做到的要求强加于对方，一旦事与愿违，交往就受到阻碍。因此在人际交往中，我们也应记住孔子的一句话：己所不欲，勿施于人。每个人都会有不足之处，我们在交往中，既要学会宽容他人的不足，同时也要学会从他人身上获得宝贵的资源。

对那些在意见、习惯和信仰方面与你不同的人，一定要表现出耐心和宽容的态度。一个拥有宽容美德的人，能够对那些与你意见不一致的人表示友好与接受。宽容大度最能够表现出一个人的耐心、明智与深谋远虑。宽容大度是美德、友善、明智与慷慨这些高贵品质的综合体现，不仅对你的个人生活具有很大的价值，而且对你的工作有着重要的推动作用。

【心理研究：交往模式】

促进性的人际交往关系有两种不同的模式。

最常见的是相似模式，即"物以类聚，人以群分"。人的自然集群有各种原因，彼此相似往往是人们集群的最重要原因之一。柴可夫斯基说："意见和感情的相同，比之接触更能把两个人结合在一起，这样两个人尽管隔得很远，却也很接近。"现实生活中，有利于人与人之间彼此吸引的相似因素可归纳为三大类：兴趣和爱好相似，经历和地位相似，态度和观点相似。

另一种交往是互补模式，即选择与自己有不同特征的人进行交往。在这种关系中，交往双方达成共识，承认自己存在无法克服的缺点，同时又迫切需要以对方存在的优点来弥补自己的不足。人与人之间多少会存在互补因素，但某些人之间却未必感到有交往的必要性。这说明交往是以满足某种需要为前提的，如能从对

第二章　在人际关系中发掘财富

方获得自己所缺乏的东西，就存在交往的可能性。

这两种交往模式都以接纳为必要前提。所谓接纳，是指接纳对方的态度与意见，接纳对方的观念与思想，对其为人处世的方式，不但感到兴趣，而且表示适度的赞许。

德国神学家肯比斯说过："我们很少用同样的天平去衡量邻居。"这大概是因为我们了解自己造成过错的背景，因而对于自己的过错就比较容易原谅。即使我们有时不得不正视自己的过错，我们还是常把注意力集中在别人的过错上。很多时候，你发现别人对你说谎，也许你会怒气冲天，进行严厉地批评和谴责。可是，问问你自己吧！你是不是从来都没有说过谎？也许比别人说的谎还要大还要多呢？一个人不要只想到宽容自己，轮到评判他人的缺点和过错时，就完全不同了。

尝试着把你日常生活中的每种言行，以及每个想法，不管是付之行动的还是尚未实行的，都记录下来，你会惊讶地发现，同样是人，别人有他的恶，自然也会和你一样有他的善。这样你就应该宽容他人，如同宽容自己一样。

能做成大事的人，必须信守"唯宽可以容人"的原则，这好比海是宽广的，做人应该有海一样的胸怀，可以纳百川之水。古人说："江海所以能为百谷王者，以其善下之。"从社会生活实践来看，宽容大度确实是人在实际生活中不可缺少的素质。

心理测验六：包容力

比大海更广阔的是天空，比天空更广阔的是人的心灵。但是

超越自我的人生心理学

普通人往往以自我意识及经验为出发点,所以很难接受其他不同的看法,而有包容力的人能接受不一样的意见(包括见解、道德观、习惯、肤色、年龄、生活方式等)。与动物不同,人的生存方式与世界观不受本能限制。人类自己设立社会生活的准则和规范。正因为如此,各种不同的文化才能并存发展。

包容力是一个非常明显的心理指标,通常没有包容力的人会说"以前就是这样,所以现在理应如此"或者"你太年轻了,太嫩了",也可能是"你太老了,跟不上时代""你太没经验了"等等。

仔细阅读下列24个问题,你是赞成还是反对?计分方法如下:

绝对反对	反对	基本反对	说不清	基本赞成	赞成	绝对赞成
0分	1分	2分	3分	4分	5分	6分

1. 半夜被邻居家婴儿的哭声吵醒,感到愤怒异常。
2. 觉得倾听和自己意见相左的见解很困难。
3. 客机机长应该限于男性。
4. 公司的人事科长不应雇用有前科者。
5. 剧场经理不应让穿牛仔裤的观众进会场参加首映典礼。
6. 为了让不听话的小孩学习服从,一定要常处罚他。
7. 应该强制嬉皮士和滑稽演员服两年兵役。
8. 基于扰乱和平的理由,应该禁止激进政治家的活动。
9. 只有勤奋的劳动工作者才有高收入。
10. 技术革新会无法无天,不值得高兴。
11. 可能的话,尽量避免和自己意见不同的人谈话。

第二章　在人际关系中发掘财富

12. 不承认女子足球队。

13. 外国劳动者不应该和一般公民享有同等权利。

14. 老人不应该穿着新潮服饰。

15. 早婚会有问题。

16. 住公寓的人不应养猫狗等宠物。

17. 公司的董事长应该对员工提升业绩和员工对公司的贡献抱很大的希望。

18. "撒过一次谎,别人就不再相信你。"这句话说得没错。

19. 顶尖运动选手应该保持最佳状态参加大赛。

20. 对最新流行服饰不得不稍作考虑。

21. 制订休假计划时,不必考虑到小孩子的希望。

22. 女性和男性喝等量的酒不太好。

23. 吸毒者被送进戒毒所是理所当然的。

24. 有和自己意见不一致的人在场心情就不好。

先从下表找出属于你的年龄段,确认你的包容力高低。

年　龄				包容力
14～16岁	17～21岁	22～30岁	31岁以上	
0～10分	0～13分	0～9分	0～15分	非常强
11～12分	14～16分	10～15分	16～31分	强
13～29分	17～30分	16～32分	32～50分	尚可
30～62分	31～49分	33～48分	51～60分	稍低
63～144分	50～144分	49～144分	61～144分	很弱

包容力"非常强"的人不在乎别人的意见和自己不同,能够容忍偏激和善变的意见。

超越自我的人生心理学

包容力属于"强"的人能理解和自己想法不同的意见。心中没有偏见，愿意敞开心胸接受新潮、新思想。

包容力"尚可"的人指包容力处于平均水平，还算可以。

包容力"稍低"的人偶尔无法接纳不同声音，对新趋势和新思想持怀疑的态度。

包容力"很弱"的人简直没什么包容力，会排斥和自己不同的意见，希望所有人和自己的想法一致。

包容力和自信心有着密不可分的关系。自私又对自己没有信心的人，当遇到和自己意见分歧的人，就有威胁感，所以失去包容心。包容力随着自信心的加强而成长，因此，提升包容力的第一步就是加强信心的训练。

这里有一些建议可以帮助你提升包容力：每个人都有陈述自我意见的权利。先静下来听他人意见，再去理解其中含义；时过境迁，当初许多颇具意义的准则，今天已经失去那层意义了。因此应多想想，规范和社会生活守则其实是相对的；偏见阻碍包容力的成长，所以不要被偏见蒙蔽；爱和包容力有相互关系，有了爱就容易产生包容力；绝对不要有自己的想法绝对正确的观念。有包容力之后，对新鲜刺激、感知性刺激更能接受；包容力能保持精神健康，焦躁不安与易怒随着包容力的出现而消失；不要因言废人，虽然有说傻话的人，但不可以否定他这个人，人非圣贤，孰能无过？尽管他坚持一件很愚蠢的事，也不能拿这个理由来排挤他，有包容力的人，能让对方感受到自己的论点并获得认同。因此，如果曾有一次类似的意见或体验，则更容易拥有包容心；发觉自己全盘否定一件事时，试着分析自己是不是有很好的理由

第二章　在人际关系中发掘财富

要这样做，或因此感到不安，明白原因就能克服不安。

包容力并非一天就能提升，需经过长期经验的累积和学习过程，才会越来越有包容力。

信任铸成友好的大厦

有一个美国人，父亲早逝，留下了一堆债务。若按常规，欠债人已去，遗产拍卖分掉，债务差不多也就算了。但这个人拜访了所有的债主，保证父亲留下的债务分文不少地还掉，只希望能够宽限一段时间。后来他竟然用了20年的时间，把父亲留下的债务，连本带息还清了。周围的人都非常感动，知道他是一个可靠之人，也就都非常愿意和他做生意。从此，他的生意越做越大，成了远近闻名的商人。

孔子的弟子曾参有句话："吾日三省吾身。为人谋而不忠乎？与朋友交而不信乎？传不习乎？"作为一个有德行而对社会有责任心的人，在社会交往中诚信是做人的美德。"君子养心莫善于诚，致诚则无它事矣。"为官从政要"谨而信""敬事而信""言而有信"。孔子说："信近于义，言可复也。"一个做事、做人都不讲信用的人，是很难在社会上立足的，因为人们均不齿于那些言而无信的人。所以，孔子说："言而无信，不知其可也。"

真诚与守信在交往中是第一位的。因为交往最基本的心理保证是安全感，没有安全感的交往是难以发展的。只有抱着真诚的态度与人交往，才能使对方有安全感，才会觉得你可信，从而容易引起对方情感上的共鸣。与此相反，若一个人虚情假意，口是心非，那么交往中就会让人感到不安全，时时处处小心翼翼，就不可能相互理解和信任。

根据人本主义心理学家马斯洛的需要理论，安全需要仅次于生理需要，是人的基本需要中的一种。同时，由于生理需要是一种对人际关系依赖程度很小的需要，更显示出安全需要在人际交往中的重要位置。也就是说，一个不能给人带来安全感的人，无论他在其他方面是多么的优秀，都不容易被人接受。在心理学上，可以用"晕轮效应"来说明这一现象。

【心理研究：晕环效应】

美国心理学家H·凯利把55名学生分为两组，分别向学生介绍一位新任的教师A。介绍的内容有两部分，一部分是A的基本情况，说明A是一个既好学又有教学经验和判断能力的人，这个情况对两个组介绍的都一样。另一部分情况介绍的就完全不同了，对第一组介绍的是"A为人热情"；对第二组介绍的是"A为人冷漠"。介绍之后，令A在两个组分别主持20分钟的课堂讨论，然后让学生陈述对A的印象。

首先，两个组学生对A的印象很不一样。第一组的印象是：A有同情心，会体贴人，有社会能力，富有幽默感；第二组的印象则相反，A严厉、专横。两个组的学生发言情况也很不一样，第一组积极发言的达56%，第二组积极发言的人数仅32%。这两组学生的现象表明，学生对A不仅有一定的看法和印象，而且行为上也有一定的倾向。

"晕轮效应"是指在人际关系中形成的一种夸大了某种特质

第二章　在人际关系中发掘财富

的盲目心理倾向。这种特质越处于基础性的地位，晕轮效应就越强烈。例如，某人劣迹斑斑，但是仅限于小偷小摸之类，而另一个人行为良好，只是偶然因激怒而杀人，人们就会觉得后者更具有危险性。

丘吉尔说过："在国际关系的历史上，没有永恒的朋友，只有永恒的国家利益。"有的人认为这句话也适用于人际关系，那就大错特错了。事实证明，人们愿意与诚实守信的人交往。还有句话说：你可以在所有的时间欺骗一个人，也可以在一个时间欺骗所有的人，但是你不可能在所有的时间欺骗所有的人。所以，诚实的人可能要在成功的路上艰苦跋涉，但靠欺骗是永远无法取得成功的。

只有在真诚的基础上取得他人的信任，交往中才有可能设身处地站在对方的立场上理解对方的思想情感，才有可能影响和改变对方的情绪。如果你对某个人连起码的信任都没有，那么他的言行就不可能左右或改变你的情绪。

中国人特别崇尚忠诚和信义，因为诚信是为人处世的根本。诚信是摆在第一位的。"信"是一个会意字，"人、言"合体。《说文解字》把信和诚互为解释，"信即诚，诚即信。"古时候的信息交流没有别的方式，只能凭人带个口信，而传递口信之人必须以实相告，这就是诚或信的本义。"言必信，行必果，诺必诚"这是中国人与他人、与社会的交往过程中的立身处世之本。靠这样一个道德原则来规范自己的言行。这和西方的契约精神有所区别。中国是靠礼义行事的德治国家，言行靠自律与自省。在中国古人的观念中，法和刑是同义的，因此遇到问题不是靠打官司去

81

解决，而是靠协商解决，在相互谦让的基础上通过调解达成一致，不希望闹到"扯破脸皮""对簿公堂"的状态。有些受骗上当的人往往在事后采取忍让和不再交往的办法，因为他们对自己的要求并未改变，依然坚持用诚信的态度处世为人。靠道德的约束而忽视法制的作用，在现代社会已被证明是不可行的。

《庄子·盗跖》上讲，有个青年叫尾生，与某女子相约于桥下，女子未来，大水突泄，这青年竟抱梁柱而死。中华民族的道德史中对人的要求是任何别的民族都难以比肩的。青年人要成大事，就要做到诚挚待人，光明坦荡，宽人严己，严守信义。只有这样，才能赢得他人的信赖和支持，从而为事业发展打下良好的基础。

心理测验七：信赖指数

对于大多数人而言，欺骗是一种理性的行为，如为了安慰绝症患者，欺骗他说只是小恙而已，或者为了逃避惩罚而说谎。如果在这种理性上附加为了他人或公众利益的因素，这种欺骗是可以被原谅甚至是可以赞赏的。例如，战争中的计谋从本质上说都是欺骗，但是人们只会认为那是智慧的表现，而不是邪恶的表现。

但是，如果把这种理性附加了自私的因素，就应该批评了。甚至由于自私而丧失理性，使得欺骗成为习惯，那么就是难以原谅的。

你是个坦率、真诚、值得信赖的人吗？不要自以为是，下面这个小测验可以让你窥视自己的内心。

第二章　在人际关系中发掘财富

1. 当你正要去上班时，你的一个朋友打来电话，让你帮助他解决心中的苦闷。你怎么办？

A. 耐心地听，宁可迟到。

B. 在电话中禁不住埋怨道：喂，你知道我必须去上班呀。

C. 告诉他你愿意听他说，不过迟到要受到批评，可能还要扣钱。

D. 向他解释上班要迟到了，不过答应他午饭时间打电话给他。

2. 星期天，你忙了一整天才把房间全部打扫干净，你的爱人回来就问晚饭有没有准备好。你怎么办？

A. 虽然你心里很想出去吃饭，但是仍然很勉强地煮了这顿晚饭，然后责怪他太不体贴人。

B. 大发雷霆，命令他自己煮饭。

C. 气得当晚不吃饭。

D. 对他说：我实在疲倦，我们到外面吃饭吧。

3. 你的朋友想向你借新买的录音机，而你自己尚未好好地听过。你怎么办？

A. 借给他，但是满腹牢骚。

B. 提醒他有一次你向他借东西，他不肯借，当时你的心情如何糟糕。

C. 骗他说你已经借给别人了。

D. 告诉他你想先用一段时间，然后再借给他。

4. 你辛苦干了一天，自以为对今天的工作相当满意，却不料你的领导还大为不满。你怎么办？

A. 不耐烦地听他埋怨，心中满是委屈，但不做声。

B. 拂袖而去，认为自己不应该受委屈。

C. 把责任推向他人。

D. 注意自己做得不够的地方，以便今后改正。

5. 在餐厅里你要了一份盒饭，饭菜做得味道太咸，你怎么办？

A. 向同桌的人发牢骚。

B. 破口大骂，粗鲁地责备厨师无能。

C. 默默地吃下去，然后把碗筷搞得乱七八糟。

D. 平静地告诉服务员，然后吃下去。

6. 在影剧院里是不准吸烟的，但你邻座的人偏偏吸烟，你讨厌烟味，你怎么办？

A. 很反感，希望其他人向这个人提意见。

B. 大叫吸烟是令人讨厌的习惯，并声言要叫服务员来。

C. 用手捂住脸，露出一副不赞同的表情。

D. 问此人是否知道影剧院里不准吸烟，并指给他看"严禁吸烟"的牌子。

7. 一位热情的售货员为了使你买到满意的东西，介绍给你所有的产品，但你都不满意。你怎么办？

A. 买一件我并不想买的东西。

B. 粗鲁地说这些产品不好。

C. 向他道歉，说是你的朋友托你买东西，不能买朋友不喜欢的东西。

D. 说一声谢谢，然后离去。

8. 你的爱人说你最近胖了，你怎么办？

A. 偏偏吃得多一些。

第二章　在人际关系中发掘财富

B. 回敬他几句，不要他多管闲事。

C. 告诉他如果他少买些鸡蛋、肉，你就不会增肥了。

D. 你自己也有同感，希望他帮助你节食。

把你的答案写下来，看看 A、B、C、D 哪个字母多。

选择 A 者多的人对一切事物往往采取消极被动的态度，对任何有争论性的事物你都宣布放弃发表意见，而让他人做决定或承担责任。当人们不了解你时，也许会同情你，但后来就反感了。为什么不做一些令你自己快乐的事呢？

选择 B 者多的人往往属于好战型，动不动就暴跳如雷，甚至会粗鲁地骂人，表面看来你颇有权威，其实得不到他人对你的尊重，其结果是使人们憎恶你或者害怕你。

选择 C 者多的人，你虽然有好战的一面，但是你善于隐藏它，你比前两种人更善于处理人与人之间的关系，只是有时还不够坦率，使他人不能完全理解你。

选择 D 者多的人完全懂得如何安排自己的生活，你尊重他人，对人坦率诚恳，从不虚假或装模作样，结果人们尊敬你，愿和你交朋友。

诚信是人际交往的根本，也是人与人之间建立信任和友谊的基础。在交往中，只有双方都心存诚意，才能互相理解、接纳、信任，感情上才能引起共鸣，交往关系才能得以发展。如果一个人给别人以虚假的印象，就会失去别人的信任，很难与别人进一步交往。

超越自我的人生心理学

交往需要润滑油

美国总统亚伯拉罕·林肯出身于一个鞋匠家庭。竞选总统前夕，他发表演说时，遭到了一个参议员的羞辱："林肯先生，在你开始演讲之前，我希望您记住您是一个鞋匠的儿子。"

林肯沉默了一会儿，说："我非常感谢你使我想起了我的父亲，他已经过世了，我一定会永远记住你的忠告，我知道我做总统无法像我父亲做鞋匠做得那么好。"

他转头对那个傲慢的参议员说："就我所知，我的父亲以前也为你的家人做过鞋子。如果你的鞋不合脚，我可以帮你改正它。虽然我不是伟大的鞋匠，但我从小就跟随父亲学到了做鞋子的技术。"然后，他又对会场上所有人说："如果你们穿的哪双鞋是我父亲做的，而它们需要修理或改善，我一定尽可能帮忙。但是有一件事是可以肯定的，我无法像他那么伟大，他的手艺是无人能比的。"说到这里，林肯流下了眼泪，所有嘲笑都化成了真诚的掌声。

哲学家认为矛盾是无处不在的，正如俗话所说：居家过日子，没有马勺不碰锅沿的。如何化解矛盾是一门艺术。如果能够巧妙地应对矛盾和尴尬，使人们暂时搁置冲突，就能达到求同存异，和谐发展的双赢局面。

通常，人们喜欢和自己有共同之处的人交往。我们常常可以发现，在一段时间的交谈后，突然发现对方和自己有相同境遇，是一件令人兴奋的事情。这是因为，和自己的共同之处越多，就越容易相互理解，相互交往就越顺利。如果总是强调差异，就不

第二章　在人际关系中发掘财富

会相处融洽。强调差异会使人与人之间距离越来越远，甚至最终走向冲突。把自己融进对方，让两人变为一人。这个时候，无需恳求或命令，两人自然就会合作。唯有先站在同一立场上，两人才有合作的可能。就算是对手，你也要先与他建立共同的利益关系，才可以进行合作。

如果你对别人有所不满，那也是很正常的心理现象，但是不在众人面前向对方表达你的不满，以便于维护他的自尊。双方情绪处于愤怒、悲伤的状态下，不利于理性思考问题，应该等待双方冷静下来时，再做沟通比较妥当。避开喧闹的环境，在幽雅的场所表达不满能更好地表现出你的诚意，对方也容易在放松的心境下接受你的意见。

提意见之前，如能对对方的正确行为先做肯定，将能更好地传达你对对方的真诚理解，从而使对方心悦诚服地接受你的意见。而贬低对方的人格，嘲笑对方的不足，进行人身攻击，拉大嗓门、拍桌子、摔椅子示威，以此给对方施压，是具有破坏性的。

要记住，你付出什么，就收获什么。如果合作者的合作比较愉快，那么他们之间就有着某种默契，或者说有一种感应。通常只有当你和别人相处融洽时，才会产生这种默契。

【心理研究：心理换位】

在交往中必须学会心理换位，包括同情和移情两种能力。

同情是理解他人情绪和情感的能力。有些时候，注意到他人的情绪反应，如喜悦、悲伤、愤怒、怨恨等，就能知道他人此时此地处于什么样的情绪状态，但并不能理解他人为什么会有那样的反应。如果在交往中，能真正站在对方的立场，理解对方在一定情景下所表现出来的情绪反应，那么彼此的交往就会收到良好的效果。

所谓移情，就是当知觉到他人有某种情绪、情感体验时，可以分享他的情绪、情感。这种分享并不仅仅意味着同情，而是指对他人的情感产生情绪的反应。在人际交往中，移情的能力可以使人与人之间相互理解，和谐相处，有助于建立良好的人际关系。

尴尬是一种偶然的人际关系冲突，任何人际环境只要出现了偶发性的不协调事件，就可能引发尴尬场面。

尴尬的产生一般有以下几点原因：每个人都有心理敏感区。当你触及到别人的心理敏感区时，就会使别人陷入尴尬的状况；人与人之间的差异是客观存在的，处理问题要因人因事而异，否则就会出现尴尬场面；有的人不管什么场合、对象和别人的心情，只管自己一时痛快，想怎么说就怎么说，也会伤害到别人。

身处尴尬之中，有时只是短暂的不自在而已，时过境迁，并不会在心灵深处留下什么有害的印记。但是，严重的尴尬反应会引发人际矛盾与冲突，对人际关系起破坏作用，或引起交往双方的情绪波动，甚至转化为消极情绪笼罩下的心境。

尴尬多半是在交往者缺乏知识经验和交往技巧的情况下出现的。如果具有丰富的知识经验，能灵活运用各种交往技巧和方法，有时候许多尴尬场面或许不会出现，即使出现也能得到缓解。

幽默不仅能消除烦恼、增添快乐、活跃气氛，还能解决纠纷、化解尴尬。每个人的心里都会有些痛处，给人一碰就容易心浮气躁。这时不妨唤醒你潜藏的幽默感，收集一些巧答妙对来应付那些难听的话。

要想成为一个真正幽默的人，必须要拥有广博的知识。虽然不必对任何问题都像学者那样研究得很透，但起码应知道些皮毛。只有知识和见闻极其丰富，才能通达事理，分析透辟，居高临下，入木三分。语言表达上还要做到运用自如，妙语连珠，诙谐动人。懂得越多，你与别人交谈时可谈的话题就愈多。一个懂得交际的人，要能够游刃有余，左右逢源。也就是要懂得交谈对手的兴趣所在，这样双方才能谈得来，谈得比较投机。而这些都要有广博的知识做后盾。

心理测验八：冲突管理能力

人际交往中冲突是难以避免的，学会以成熟的心态应对人际冲突，才能有效化解沟通的障碍。下面一组测试可以帮助你了解你处理冲突的水平。请在4分钟内完成测试，注意不要思前想后。

1.办公空间有限，你不得不将一位精力充沛的供销专家安排在打字员办公桌旁。这位专家是公司元老，工作一向出色，年薪也相当高；但他常迟到，不到休息时间便去喝茶小憩，桌上总是乱糟糟的，而这会给那些优秀的打字员造成不良影响。至于那些刚从商业学校毕业、工资较低的打字员更容易受影响，你将怎么做？

A.解雇专家。

B.如果打字员不守规章，就解雇她们。因为商业学校的毕业生比熟练的供销售专家容易找得多。

C. 以上皆否。

2. 你与一个下属离开一家餐馆，发现餐馆少找了你们三角钱。你收入颇丰，时间又宝贵，这时你怎么办？

A. 这不只是钱的问题，还关系到原则。应该回转去提意见，如可能，收回缺额。

B. 忘掉这事。

C. 叫下属去提意见。

D. 以上皆否。

3. 你是个从普通职员提升起来的经理，工作很繁忙，同时你的部门有一系列复杂的日常事务，你知道自己比手下任何人都更胜任这些事务，那么，你选择下列哪种做法？

A. 对每件具体工作事必躬亲。

B. 把这些事分别派给几个下属去干。

C. 以上皆否。

4. 你知道这位可能成为你客户的人是个蝴蝶标本收集者，你带着业务目的拜访他。你拿出一个标本说："听说您是蝴蝶标本专家，这是我孩子捕到的一只蝴蝶，我把它带来是想请教您它是什么蝴蝶。"你预计可能发生哪种情形？

A. 他会觉得你有些冒昧、不合时宜。

B. 他会对你产生好感。

C. 以上皆否。

5. 你希望一位执拗的同事按你的建议去做，应怎么办？

A. 尽量使他相信这建议至少有一部分是出自他的头脑。

B. 只考虑这建议会给你带来荣誉。

第二章　在人际关系中发掘财富

C. 以上皆否。

6. 假设自己是一家商店的经理，一位顾客闯入你办公室怒冲冲地发泄不满，你意识到完全是她的错，应如何走第一步棋？

A. 努力迁就她的错误看法，对她表示同情。

B. 心平气和地向她指出其不满是误会造成的，不是商店的责任。

C. 告诉她去找顾客意见簿或专司此职的管理人员，如果要求是正当的，问题会得到解决；而找你是没用的。

D. 以上皆否。

7. 有位女士来你店里买鞋，由于她右足略大于左足，总也找不到她能穿的鞋，你觉得应当解释一下。你将如何措辞？

A. "女士，您的右脚比左脚大。"

B. "女士，您的左脚比右脚小。"

C. 以上皆否。

8. 你是老板，一名雇员向你献上有关提高效率的计策，而他的建议是你过去已想过并打算实施的。那么，下面哪种处理方法较好？

A. 告诉他你真实的想法，但也对他给予充分的肯定。

B. 闭口不提你以前的想法，只赞扬他的合作精神。

C. 以上皆否。

9. 下面哪种说法比较好？

A. "我恰巧到附近有事，因此顺便来和你谈点事儿。"

B. "我专程前来找你谈这件事。"

C. 以上皆否。

10. 善于言辞是优秀业务人员的标志,假定你和一位才学高深、掌握数国语言的博士交谈,你会选择哪类风格的句子来表达?

A."这是常见的事。"

B."这属于每日必有之常事。"

C."这种事发生得很频繁。"

D. 以上皆否。

根据专家的研究,每道题目的最佳答案是:

1	2	0	4	5
B	B	B	B	A
6	7	8	9	10
C	B	A	A	A

对照答案,每答对一题得 3 分;漏答一题减 3 分;选了两个以上"以上皆否"者减 5 分;连一个"以上皆否"也未选的减 5 分,最后计算出你的总得分。

得分为在 27 分以上的,是优秀的冲突协调者。你不是靠盲目的鼓励首肯,或不容分说的高压手段来解决问题,而是长以情动人、以理服人,用高超的技巧来使目的得以实现。你有资格成为一个大团体的领导者、管理者。

得分是 15~27 分的,属于一般的公务关系协调者。平常情形下,你能够以合理适度的方式使他人接受你的意见并按你的意图去干。但如若时间紧迫或情况特殊,你往往会做出一些不当的决定。这说明你可能不太胜任大范围内公务关系的管理与协调。

得分在 15 分以下的,是拙劣的公务关系协调者。你不了解在处理工作关系时"因势利导"的原则,对人的观察研究也不够,

第二章　在人际关系中发掘财富

尤其忘记了自己的工作不是处理这些关系的，而把自己过分地"投入"进去，这就很难得心应手地运用技巧来协调好各方面的关系。你与管理者无缘，只适于从事具体的专项工作。

争论是不可避免的，陷于争论中的大多数人都坚信他们的观点是正确的。你坚持自己是对的，这没什么，但如果你固执地认为别人是错的，那么争论就不可能平息。

如果你认为某个问题值得争论，就要问问自己下面的问题：

我能得到我想要的东西，而又不忽视或伤害他人的感情吗？

事情的结果对我现在和将来的幸福有多重要？

事件的结果可能会对我的目标产生不良影响吗？

争论时，要把你的注意力牢牢固定在你的目标和目标的实现上，不要陷于人身攻击和相互谩骂之中。找出双方都有认同的观点，强调这些地方，让对方看到你和他有许多共同之处。当对方阐述完他们的理由时，把他们的话重复说给他们听。保证你能准确地理解他们所讲的一切和所关心的重要方面。

亲和力训练

在大选来临之前，英国女政治家玛格丽特·撒切尔夫人所在的保守党面临一个难题——如何制止颓势？撒切尔夫人的解决办法是令人信服的，她说："我们只有一个办法，走出去，到到选民中去。这样就会最终获胜。"

保守党的工作人员经常认为，和撒切尔夫人在一起搞竞选很累。她在大街上东奔西跑，走家串户。一会儿在这家坐会儿，同

超越自我的人生心理学

房东交谈一会儿，一会儿又同那个握握手，或向坐着扶手椅的人问长问短；一会儿又到商店询问价格。大部分时间，她带着秘书黛安娜跑来跑去，午饭时，他们就到小酒店和新闻发言人罗伊·兰斯顿以及委员会的其他成员一起喝啤酒。然后，她又去握更多的手，参加集会作演说，接见更多相识过的人。这样，撒切尔夫人身体力行地赢得了越来越多的拥护者，为竞选打下了坚实的群众基础。

亲和力是人际关系能力的综合体现。它一方面表现为主动控制人际交往，另一方面表现为被其他人所认可。

亲和力强的人具有与人为善的心态。他不把人假定成丑恶的、讨厌的、难缠的，他假定人是善良的、有趣的、讲理的。这样，在与人交往时，他就会采取一种主动、友善、接近的态度，在他的感染下，对方也会采取相同的态度，双方的交往中都会感到愉快和满意。

一个人具有与人为善的心态，喜欢与人交往，善于与人交往，在与人交往的过程中经常体验到愉悦，那么，这个人就会具有很强的亲和力，亲和力就构成了他良好个性的一部分，有着良好的个性，将会给他的生活带来很大的帮助，给他的事业带来成功的机遇。

一般而言，有亲和力的人在他人眼中有两个特点：有益，无害。有益是指能给人带来实际的利益或者心理上的舒适感；无害是指攻击性不强。也就是说，这样的人要有一些确实的优点，同时并不是完美无缺的，因为完美无缺的人会使人产生距离感，减少亲和力。

第二章　在人际关系中发掘财富

【心理研究：仰巴脚效应】

心理学家研究发现，最为人所欣赏者是精明中带有缺点的人。心理学家阿隆逊将四卷录影带分别播放给四组受试者观赏，让他们凭主观的感觉评分，以表示他们对被访者喜欢的程度。录影带的内容都是访问员与受访者面谈，四卷录影带的人中都是一样的，只是事先的介绍以及访问过程各不相同。

第一卷：将受访者描述成能力杰出的大学生，给人的印象是完美无缺的。

第二卷：将受访者描述成能力杰出的大学生，但是在访问过程中他有些紧张，将面前的咖啡打翻，弄脏了一身新衣服。

第三卷：将受访者描述成普通的大学生。

第四卷：将受访者描述成普通的大学生，而且在访问过程中紧张得将咖啡打翻。

经分析评定结果发现，大家最喜欢的是第二卷中的受访者。精明的人犯点小错，不仅是瑕不掩瑜，反而成了优点。按原研究者的解释，一般人与全然无缺点的人相处时，总难免因为自己不如别人而感到不安，如一旦发现精明人也和自己一样的有缺点，就会因为他也具有平凡的一面而使自己感到安全。

那么，如何才能给人有益的感觉呢？除了学会"雪中送炭"之外，最简便，也是心理效果最强的就是赞美别人。

赞美的作用永远都会胜过批评。要建立良好的人际关系，恰当的赞美是必不可少的。心理学家马斯洛认为，荣誉和成就感是人的高层次的需求。一个人具有某些长处或取得了某些成就，他需要得到社会的承认。如果你能以诚挚的敬意和真心实意的赞美满足一个人的自我需求，那么任何一个人都可能会变得更令人愉快、更通情达理、更乐于协作。恰当地赞美别人，会给人以舒适感，所以在交往过程中，我们要学会发现对方的闪光点，学会恰到好处地赞美他人。

人们都愿意与亲和力强的人交往。如果某个人在与人交往中表现出傲慢、冷漠、拒人于千里之外，那么会使别人感到不快、别扭、受到侮辱，因而不愿意和他交往；如果某个人在和他人交往时表现出害羞、胆怯、缩手缩脚，那么，别人和他打交道时也会觉得不那么舒畅，虽然不会引起别人的厌恶，但也影响人际交往的质量，无法达到心灵的共鸣；如果一个人有很强的亲和力，与人交往时不但能够容易沟通，顺利地实现双方的愿望，而且会使双方感到愉快。

一个人之所以表现出很强的亲和力，是因为他对自己、对别人具有很强的理解能力。"知人者智，自知者明"，知人固然不易，然而知己更难。在古希腊戴尔菲神庙的铭文上写着"认识你自己"几个大字。一个亲和力很强的人对人对己都有很强的理解力和洞察力。他能够知道自己是一个怎样的人，知道自己的优点和缺点，对自己既不夸大也不妄自菲薄；对别人能够体察入微，认识到每个人都会有自己的个性、爱好和禁忌，在与人交往时，不把别人看得过于高大，以至使自己害怕，同时又能尊重别人。

第三章　健全人格是成功的护身符

有位美国记者采访晚年的投资银行家J.P.摩根，问："决定你成功的条件是什么？"

摩根毫不掩饰地说："个性。"

记者又问："资本和技术哪个更为重要？"

摩根答道："资本比技术重要，但最重要的是个性。"

翻开老摩根的奋斗史，无论是他成功地在欧洲发行美国公债，慧眼识中无名小卒的建议——大搞钢铁托拉斯计划，还是力排众议，甚至冒着生命危险推行全国铁路联合，都由于他倔强和敢于创新的个性，如果排除这一条，恐怕有再多的资本也无法开创投资银行这一开创性的事业。

虽然人人都渴望成功，但不可能人人都会成功，因为还有很多人不知道成功的真谛。人最能了解和最不能了解的就是他自己。俗话说，江山易改，秉性难移。一个人要完善自己有缺陷的人格也不是件容易的事，所以有的人总是与成功擦肩而过，留下终生的遗憾。"性格决定你的一生"，只有你真正明白这句话的含义和真谛所在，并努力完善你的人格，成功就会属于你。

戴上面具的成功者

传说古代有个兰陵国,国王是个英俊的小伙子。他虽然武艺高强,但是每次上阵征战的时候,敌方阵营那些面目狰狞的武将都会嘲笑他,说他像个大姑娘。兰陵王脸皮薄,不是羞愧难当,就是怒火迸发,因此吃了不少败仗。

后来,他用青铜铸造了一个狰狞的面具,每次两军对垒的时候他都会带上这个面具。敌人再也无法嘲笑他的容貌,兰陵王打了很多胜仗。

"人格"一词来自拉丁语"person"一词,是面具的意思,它原是指古希腊时期的演员为扮演角色而戴上的面具。这种面具类似于中国的京剧脸谱,每一个都对应于一个特殊的性格角色。美国心理学家B·赫根法指出:"把人格定义为面具等于把人格视为人的社会自我,正是人们的这一方面被用来向社会显露它自己。这个定义隐含着这样的意思:由于种种原因,人还有某种隐私的东西没有被显露出来。"

随着古代语言的发展,"人格"这一具体的专指面具的词汇被加以扩展和引申,以至于渐渐演变成一个抽象而又多义的名词。心理学沿用了"人格"的原始含义,把一个人在人生舞台上扮演角色时,表现出来的种种行为和心理活动都看作是人格的表现。人格含义是指一个人表现在外的给人的印象性的特点和生活中所扮演的角色以及与此角色相应的个人品质、声誉和尊严等。

心理学研究结果表明,人格的好与坏在很大程度上对其事业成功与否、家庭生活幸福与否、人际关系良好与否起了决定性的

第三章　健全人格是成功的护身符

作用。健全的人格是事业成功的基础、家庭幸福的根基、人际关系良好的基石。

健全的人格是通向成功的护身符。没有健全人格的人，要么成天唉声叹气、怨天尤人；要么受一点挫折即趴下，再也直不起腰，悲观失望；要么取得一点成绩即骄傲自满，洋洋自得，完全看不到前进中可能有曲折和艰险。

"健全"包含"健康"和"全面"两个方面的含义。有人认为，所谓全面的人格，就是各种性格无所不包，全都融合在一个人的身上。这其实不对。个性之所以为个性，必然有与众不同的地方，方能称其为个性。一个什么样的个性都有的人，在现实生活中是绝对找不到的。即使那些左右逢源、八面玲珑的交际高手，也不可能什么样的性格都有。

【心理研究：性格】

世界上第一个提出"性格"概念的人是著名的古希腊学者提奥拉斯塔（Neophrastus），当时，"性格"是指人的特征、标志、属性和特性等。现代心理学家对性格定义的表述较为宽泛，但一般认为性格是个人较为稳定的对待现实的态度和行为方式。

性格是人格的一个组成部分，也是人格中最重要的心理特征，是一个人的本质属性的独特结合，是人与人之间相互区别的主要方面，因此我们说世界上没有两个性格完全相同的人。

性格反映在人对现实的态度以及与之相适应的行为方式之中。态度是个体对人、对事所持有的相对稳定和内化了的心理反应倾向，它既包括个体对自身的态度，也包括个体对自身以外客

超越自我的人生心理学

观世界的人和物的态度。它是在社会环境中，随着意识的成熟、情感的丰富和经验的积累而逐步形成的。人的态度一旦在生活经验中得以巩固，便成为人在一定场合中的行为方式。这种态度和行为方式构成了一个人的行为特征。

性格还是一个人独特的、稳定的个性心理特征。所谓独特，是指某种性格特征为某人所独有，而不为他人所具有。即使两个人的性格相似，同为勇敢鲁莽，但两者的具体表现形式也会有很大的区别。所谓稳定，是指性格一经形成就比较稳固，那些一时性的、偶然的、情景性的表现都不能代表一个人的性格特征，只有当一个人的态度以及符合这些态度的行为方式是比较稳固的、经常的、能从本质方面表明一个人的个性的，才具有性格的意义。正因为性格是稳定的，并体现在习惯的行为方式中，因此一个人的性格总要通过他的行为举止表现出来，即使能作一时伪装，但总会在各种场合中有所流露。

性格的稳定性也表现为态度和行为的一致性，一个胆小鬼不会同时又是勇敢的人，一个优柔寡断的人也不会同时又是一个雷厉风行的人。这就是说，一个人身上不可能同时存在两种互相对立的性格特征。即使现在的研究表明世界上有双重人格的人存在，但是这两重人格也是有主次之分而且不是同时起作用的。当然，性格的稳定性只是相对的，在纷繁复杂的现实事物的影响下，性格也具有一定的可塑性，会发生一定程度的变化，这正是人的态度及其行为方式能得以改变的内在根据。

性格是具有核心意义的个性心理特征。性格之所以在个性中占有核心地位，是因为性格与世界观和人生观密切相连。甚至可

第三章　健全人格是成功的护身符

以说性格是一个人世界观和人生观的集中表现，它决定人对现实事物的基本态度及其行为反应，因而性格决定人的社会价值，性格的好坏具有社会意义。忠诚、坚定等性格对社会有积极意义，而虚伪、奸诈等性格对社会有消极影响。此外，性格还能确定气质、能力的发展方向。气质、能力如何表现及其表现程度也以性格为转移。所以，人的个性差别主要不是表现在气质、能力方面，而是表现在性格方面。

性格的成因和类型

人与人之间之所以会有不同的性格差别，主要由个人和外部环境两方面因素造成的，其中前者包括生物因素和个体实践，后者主要指家庭环境、学校教育、伙伴群体以及职业的影响。

神经系统的某些遗传特质会影响性格的形成，如一个人动作反应的速度与灵活性都会在一定程度上影响性格。属于高级神经活动活泼型的人，往往比较热情、开朗，善于交往；属于高级神经活动不可遏止型的人，情绪反应比较强烈，敢于冒险，更容易成为一个勇士。当然，遗传特质可能影响性格，但并不决定性格。事实上，一个家庭中兄弟姊妹之间的遗传特质相近但性格并不完全相同，即使是双胞胎，他们之间的性格差异也可能很大。

人的性格塑成期是在家庭环境中度过的，与家庭成员的接触最为频繁，因此受家庭的感染力量也最为强烈。这种生活中的潜移默化奠定了一个人性格形成的基础。

伙伴群体是一种特殊的群体形式，成员之间因为相仿的年龄、性别、职业以及兴趣爱好等聚集在一起。尽管没有固定的规模和组织形式，没有严格的规章制度，但是伙伴之间在自由的交往与互动中彼此之间在传递、交流、分享并相互影响价值判断的标准。因此，这类群体对人的性格有重要的影响。尤其在群体指导性价值观念与社会主流价值观念发生偏差的时候，它对于成员的负面影响是极大的。

性格同其他心理现象一样，是在认识与改造客观世界的实践活动中形成与发展的。与职业相关的实践活动对于特定性格特征的形成与发展同样起到定向作用。例如，从事企业管理的人容易形成善交往、敢冒险、自信而精力充沛的性格特征，从事艺术工作容易形成活泼开朗、感情丰富、富有想象、善于创新的性格特征，而从事科学研究的人则容易形成独立、好奇、慎重、重事实、善分析的性格特征。当然，实践活动的深度与广度不同，对塑造性格所起的作用也不一样。即使从事相同职业的人，性格也可能会有差别。

依据人所具有的性格特征的相似与差异，可以把人的性格划分为不同的类型。

依据心理活动倾向性，瑞士心理学家荣格将人的性格粗略地分为两种：内倾型和外倾型。内倾型的人心理活动倾向于主观世界，表现为沉静、反应缓慢、适应环境的变化较为困难。外倾型的人心理活动倾向于客观世界，表现为开朗、活跃、善交际，能顺应周围环境的变化。德裔英国心理学家汉斯·艾森克采纳了荣格的两分原型，又增加了两种他自己的两分法原型（神经质的尺度），一个极端是高度稳定的性格，另一个极端是极为不稳定的性格。

第三章 健全人格是成功的护身符

【心理研究：卡特尔性格因素问卷】

人的性格是非常复杂的。著名心理学家奥尔波特曾数过英文字典中表达不同人类行为或者品质的词，总数达 18000 之多，其中 4000～5000 个词是专指性格特征的。心理学家一方面在复杂的性格特征中寻找可以归类的因素，另一方面又苦于性格原型太过抽象。

美国心理学家卡特尔设法将 171 种性格表层特征归类为 62 个"串"，但是他发现这些"串"都有互相重叠的地方，后来又把它缩减为 35 个，最后得出 16 个根本性的特征或者因素，按他的话说："足以涵盖目前在常见的口头语和心理学文献中发现的所有个体性格差异（即表层特征）。它们在总体的性格方面没有留下任何遗漏。"但是后来的心理学家仍旧认为它太过复杂。

依据心理机能在性格结构中何者占优势，英国心理学家培因将人的性格划分为三种：理智型、情绪型和意志型。理智型的人理智特征明显，以理智来衡量一切并支配自己的行为，能理性地处理自己所面临的问题。情绪型的人情绪特征明显，情绪体验深刻，行为主要受情绪支配，处事接物容易情绪化。意志型的人意志特征明显，有较明显的目标，并能根据预定目标对行为进行调节与控制，能刻苦努力，锐意进取。

依据个体独立性程度，还可以把人的性格粗分为顺从型和独立型两种。顺从型的人能照章办事，按他人旨意勤奋工作，但独立性差，有盲目接受他人暗示或影响的倾向，容易受人摆布，不善于处理偶发事件。独立型的人不易接受暗示，凡事有主见，善于独立发现与解决问题,能果断地处理偶发事件。

依据文化生活形式,德国心理学家斯普兰格将人的性格大致划分为六种类型,即理论型、经济型、审美型、社会型、权力型和宗教型。值得指出的是,性格的分类仅有相对的意义,既不能把所有的人都对号入座地归入某种典型的性格类型,也不可能刻板地划定各种类型所属的性格特征。理由很简单,事物千差万别,作为处事态度及其相应行为方式的性格特征必然多种多样,其内容极为丰富。因而除极少数人具有某类典型的性格特征之外,大多数人都属混合型,他们较多地具有某一类型的特点,同时又兼有其他类型的一些特征,所以性格分类是粗略的、相对的。

心理测验九:职业个性

职业选择是人生的一项非常重要的抉择,它不仅决定了人们的一生将从事什么工作,而且也在很大程度上决定了一个人一辈子的生活内容和生活方式。要选择一项适合自己的职业,不是一件随随便便的事情。除了需要了解各种职业的情况和要求以外,还需要全面客观地认识自己的观念、态度、能力、兴趣和性格,其中,性格在职业选择中占有不可忽视的地位。

观念可以建立,态度可以改变,能力可以提高,兴趣可以培养,我们经常可以看到一个人在走上工作岗位之后,很短的时间内就全身散发出职业的气息。但是一般而言,在人们开始选择职业之前,性格就已经定型,除非遇到能够严重影响心理状况的重大事件,否则这种性格就会伴其一生。一个人的性格也不会有太大的改变。

第三章　健全人格是成功的护身符

既然性格很大程度上决定职业的成功与否，职业的成功与否很大程度上决定人生的幸福与否，那么了解自己的性格特点，从而选择适合自己的职业，就是一个人在年轻时必须要做的事情了。

在这里，我们选择了美国心理学家T·霍兰德性格特征量表。根据性格特征与职业选择的关系，霍兰德把性格划分为六种类型，在选择职业的问题上，这六种不同性格的人具有明显的差异。这份量表有六个分量表，每个分量表包含8道题目。请根据自己的实际情况做出回答。如果某题目的描述符合你的现实状况，则得到1分，否则扣除1分。如果拿不定主意，你也可以选择"不清楚"，不得分。

分量表R：现实型（Realistic）

1. 你曾经将钢笔全部拆散加以清洗并能独立地将它装配起来吗？
2. 你会用积木搭出许多造型，或者小时候经常拼七巧板吗？
3. 你在中学里喜欢做实验吗？
4. 你喜欢尝试着做一些木工、电工、钳工、修理钟表、冲印照片等事情，或对编织、绣花、剪纸、裁剪等很感兴趣吗？
5. 当家里有些东西需要小修小补时（诸如窗子关不严了，凳子坏了，衣服不合身了等等），常常是由你亲自做的吗？
6. 你常常偷偷地去摸弄不让你摸弄的机器或机械（诸如打字机、摩托车、电梯、机床）吗？
7. 你觉得身边有一把镊子或老虎钳等手工具，就会有许多便利吗？

8. 看到老师傅在做活，你能迅速并准确地模仿吗？

分量表 I：研究型（Investigative）

1. 你对智力竞赛很有兴趣吗？

2. 你经常到书店或图书馆翻阅图书（文艺小说除外）吗？

3. 你常常会主动地做一些有趣的习题吗？

4. 你总想要知道一件新产品或新事物的构造或工作原理吗？

5. 当同学或同事不会做某一道习题来请教你时，你能给他讲清楚吗？

6. 你常常会对一件想了解，但又无法详细了解的事物，想象出它将是什么样子，或者将怎么变化吗？

7. 看到别人在为一个有趣的难题讨论不休时，你会加入进去吗？或者即使不加入讨论，也会一个人思考很久，直到你觉得解决了为止吗？

8. 看推理小说或电影时，你常常试图在结果出来以前分析出谁是罪犯，并且这种分析时常和小说或电影的结局相吻合吗？

分量表 A：艺术型（Artistic）

1. 你对戏剧、电影、文艺小说、音乐或者美术中的某一两个领域较感兴趣吗？

2. 你常常喜欢对文艺界的明星评头论足吗？

3. 你曾参加过文艺演出或写出诗歌、短文被墙报或报刊采用，或参加过业余绘画训练吗？

4. 你喜欢把自己的住房布置得优雅一些而不喜欢过分豪华而

第三章 健全人格是成功的护身符

拥挤吗?

5. 你觉得你能较准确地评价别人的服装、外貌以及家具摆设等的美感如何吗?

6. 你认为一个人的仪表美,主要是为了表现一个人对美的追求,而不是为了得到别人的赞扬或者是羡慕吗?

7. 你觉得工作之余坐下来听听音乐,看看画册或欣赏戏剧等,是你最大的乐趣吗?

8. 遇到有美术展览会、歌星演唱会等活动,常常有朋友来约请你一起去吗?

分量表 S:社会型(Social)

1. 你常常主动给朋友写信或者打电话吗?

2. 你能列出五个你自认为够朋友的人吗?

3. 你很愿意参加学校、单位或社会团体组织的各种活动吗?

4. 你看到不相识的人遇到困难时,能主动帮助他,或向他表示你同情与安慰的心情吗?

5. 你喜欢去新场所活动并结交新朋友吗?

6. 对一些令人讨厌的人,你常常会由于某种理由原谅他、同情他、甚至帮助他吗?

7. 有些活动,虽然没有报酬,但你觉得这些活动对社会有好处,就积极参加吗?

8. 你很注意你的仪容风度,并且认为这主要是为了让别人产生良好的印象吗?

分量表 E：企业型（Enterprising）

1. 你觉得通过买卖赚钱，或通过存银行生利息很有意思吗？
2. 你常常能发现别人组织的活动的某些不足，并提出建议让他们改进吗？
3. 你相信如果让你去做一个商人，一定会在很短的时间内积累大量财富吗？
4. 你在上学时曾经担任过某些职务（诸如班干部、课代表）并且自认为干得不错吗？
5. 你有信心去说服别人接受你的观点吗？
6. 你的心算能力较强，不对一大堆的数字感到头痛吗？
7. 做一件事情时，你常常事先仔细考虑它的利弊得失吗？
8. 在别人跟你算账或讲一套理由时，你常常能换一个角度考虑，而发现其中的漏洞吗？

分量表 C：常规型（Conventional）

1. 你能够用一两个小时坐下来抄写一份你不感兴趣的材料吗？
2. 你能按领导或老师的要求尽自己的能力做好每一件事吗？
3. 无论填报什么表格，你都非常认真吗？
4. 在讨论会上，如果不少人已经讲的观点与你的不同，你就不发表自己的意见了吗？
5. 你常常觉得在你周围有不少人比你更有才能吗？
6. 你喜欢重复别人已经做过的事情而不喜欢做那些要自己动脑筋摸索着干的事情吗？

第三章　健全人格是成功的护身符

7. 你喜欢做那些已经很习惯了的工作，同时最好这种工作责任心可以小一些，工作时还能聊聊天，听听歌曲吗？

8. 你觉得将非常琐碎的事情整理好，或由于你的工作，使有些事情能日复一日地运转很有意思吗？

分别统计你在每个分量表的得分，如果你在某一部分得分最高，说明你属于该种类型的人。

现实型的人具有顺从、坦率、谦虚、自然、坚毅、有礼、害羞、稳健、节俭的特征，他们遵守规则，喜欢安定，感情不丰富，缺乏洞察力。现实型的人喜爱实用性的职业或情景，以从事所喜好的活动；重视具体的事物，如金钱、权力、地位；擅长用具体实际的能力解决工作及其他方面的问题。现实型的人不重视社交，缺乏人际关系方面的能力，倾向于避免社会性的职业或情景，他们希望从事有明确要求、需要一定的技能技巧、能按一定程序进行操作的工作。这类个性的人适合从事的职业，包括商业操作、技术性的工作和一些服务型的职业，如机械、电工技术等。

研究型的人具有谨慎、批评、好奇、独立、聪明、条理、谦逊、精确、理性、保守的特征，他们有强烈的好奇心，注重分析，好内省，比较慎重。研究型的人喜爱研究性的职业或情景，擅长用研究的能力解决工作及其他方面的问题，自觉、好学、自信、重视科学，但缺乏领导方面的才能，所以倾向于避免企业性的职业或情景。研究型的人喜欢从事有观察、有科学分析的创造性活动和需要钻研精神的职业，这类个性的人适合从事的职业，包括科学研究和一些技术性的工作。

艺术型的人具有复杂、自觉、无秩序、情绪化、不顺从、富

超越自我的人生心理学

有表达能力、不重实际的特点,他们想象力丰富,有理想,易冲动,好独创。他们拥有艺术与音乐方面的能力(包括表演,写作,语言)并重视审美的领域,倾向于避免传统性的职业或情景。艺术型的人喜欢从事非系统的、自由的、要求有一定艺术素养的职业,如音乐、美术、影视、文学等与美感直接或间接有关的职业。

社会型的人具有友善、慷慨、仁慈、负责、圆滑、善解人意、说服他人、理想主义、富洞察力等特征,他们乐于助人,善于社交,容易合作,重视友谊,责任感强。社会型的人喜欢帮助别人、了解别人,有教导别人的能力,重视社会与伦理的活动与问题。他们擅长以社会交往方面的能力解决工作及其他方面的问题,喜爱社会型的职业或情景,但缺乏机械能力与科学能力,所以倾向于避免实用型的职业或情景。社会型的人希望从事那些直接为他人服务,为他人谋福利或与他人建立和发展各种关系的职业。如教育、医疗工作等。

企业型的人具有野心、独断、冲动、乐观、追求享受、善于社交、获取注意、知名度等特性,他们喜欢支配别人,有冒险精神,自信而精力旺盛,热衷于发表自己的见解。企业型的人缺乏科学能力,倾向于避免研究性质的职业或情景,但重视政治与经济上的成就。这类个性的人愿意从事那些为直接获得经济效益而活动的职业,适合从事的职业包括推销员、政治家、企业经理等。

常规型的人具有顺从、谨慎、保守、自控、服从、规律、坚毅、实际稳重、有效率等特性,但缺乏想象力,喜欢稳定、有秩序的环境。他们有文书与数学能力,并重视商业与经济上的成就,喜欢传统性质的职业与情景,避免艺术性质的职业或情景。在职

第三章　健全人格是成功的护身符

业选择上，他们愿意从事那些需要按照既定要求工作的、比较简单而又比较刻板的职业。如办公室事务员、仓库管理员、非技术操作工等。

塑造完美气质

我们在观察成功人士的时候，通常会发现他们能够散发出一种令人动心的气质。

在公元前5世纪，古希腊医师希波克拉底提出人体有四种体液：血液、黄胆汁、黑胆汁和黏液，并根据某种体液在人体内所占的优势而将人的气质分为四种类型，即多血质，胆汁质、抑郁质和黏液质。这四种传统的气质类型在现代心理学中仍旧得到应用。有代表性的是卡雷努思的学说，把人格从总体上分为"阳刚""急躁""忧郁"和"平淡"四大类。

阳刚（血液－多血质）轻率、活泼、好事，喜欢与人交往，面对困难不会退缩，不会记恨。很容易答应别人的事情；也很容易忘记了和别人的约定。有面对困难的勇气，但看事情不妙，也会开溜。能够调整自己的喜怒哀乐，随时保持心理平衡和往前冲刺的状态。一旦成功或受别人赞赏，就乐不可支。

急躁（黄胆汁－胆汁质）黄胆汁质的人对于情绪的刺激非常敏感，意志容易动摇，没有耐心，情绪忽冷忽热。这类人喜欢参加各种活动，但想法常常改变，只有三分钟热情。这种类型的人不喜欢被压抑，喜怒哀乐的表现非常明显。不过，他们不像黑胆汁质的人容易保持某种心情，不论悲伤或愤怒都是来得快去得也快。一般说来，这种类型的人既热心又有爱心，做事很有爆发力。

忧郁（黑胆汁－抑郁质）黑胆汁质的人比较趋向于稳重、沉郁，经常只看到人生的黑暗面。他们多半避免迎来送往的交际活动，也不喜欢和外向活泼的多血质的人在一起。甚至看到别人欢天喜地乐不可支时，反而会不高兴。这类人一遇到困难常常心理失去平衡，一旦心情不好，便久久无法恢复正常。

平淡（黏液－黏液质）黏液质的人安静、漫不经心、散漫、邋遢等。相对于黄胆汁质的人受刺激就哇哇大叫，黏液质的人则非常迟钝或冷淡。不过，虽然行动缓慢，这类人通常诚实且值得信任。由于个性平淡，工作缓慢，所以不太容易紧张，反之，则有做事迟缓、不修边幅、喜好享乐等毛病，可以说这种类型的人多半有些利己主义倾向。

现实生活中，纯粹属于某种单一的气质类型的人却是极少数，一般来说大多数人的气质都属于以一种气质类型为主，兼有其他气质类型一部分特点的中间型或混合型。气质可以用很简单的方法进行测量：认真分析上述各类标定词，一个个地比照，看哪一种气质的标定词最多，另外还兼有哪些，就可以了解自己属于什么气质。例如，"以抑郁质为主，兼有胆汁质成分的混合型气质"，当然，这种测量是大致的，如果想准确了解自己的气质类型，可通过气质量表进行心理测量。

【心理研究：气质】

现代心理学认为气质与人的高级神经系统活动的类型密切联系，是个人心理活动的稳定动力特征。所谓心理活动的动力，就

第三章　健全人格是成功的护身符

是指心理过程的速度（知觉的速度、情绪与动作的反应快慢）、强度（如情绪强弱、意志的紧张程度）、稳定性（注意集中时间的长短、情绪的起伏变化）和心理活动的指向性（倾向于外部事物，或倾向于自身的情绪和思想，经常体验自己的情绪）。

一个人的气质在幼儿时期表现得比较明显。随着年龄的增长，积累的生活经验日益丰富，他的某种气质特点就更多为后天获得的个性特征所掩盖。在成人身上，气质和性格往往是有机地交织在一起的，性格会在一定程度上掩盖和改造气质，表现为一个人特定的态度体系和行为模式。在日常生活中，如果进行气质的自我测验，也会出现这种现象。气质的外在观察，以幼儿时期最为准确，这是在进行气质自我测验时必须加以注意的。

还有一种以"行为模式"来划分的气质类型，有 A 型、B 型、M 型、MA 型、MB 型和 C 型。

A 型气质（外倾）的人说话与行动节奏快，性急，易动肝火，缺乏泰然自若的态度，争强好胜，充满失落感和懊丧情绪，总是迫使自己处于紧张状态。据美国全国心、肺和血液研究所的调查，具有 A 型心理特征的人患心脏病的比率高达 98% 以上。

B 型气质（内倾）的人镇静、专心致志、温文尔雅，能够灵活地应付紧张事件；没有时间紧迫感，从容不迫，愿意消遣；思维反应常常是冗长和散漫的，很少打断别人谈话，不催促讲话的人，很少握着拳头或者指手画脚强调他的谈话，很少叹气，不易受挫折，即使受挫折，也能现实地接受。但 B 型的成就感不强烈，做事有些拖沓。

M 型是介于 A 型和 B 型的中间型，其中 MA 型偏向 A 型，

MB 型偏向 B 型。C 型气质属于严重抑郁型，此类人易患癌症或抑郁型神经症或相应的人格障碍。

从生理健康角度出发，心理医生往往推崇 B 型气质而贬抑 A 型气质，但是在成功心理学看来，A 型气质的特征是在激烈竞争中脱颖而出的必要保障。

总体说来，气质没有好坏之分，因为每一种气质都有其积极的方面和消极的方面。所以健全人格的形成只能以人先天的气质为基础并作为主要方面，兼采其他气质的优点和长处，不断完善和拓宽固有气质内涵，使多血质的人多一些为他人服务的观念，黏液质的人多一些敏捷，抑郁质的人多一些乐观，胆汁质的人多一些宁静平和。

探究成功者的人格特质

心理学家经常研究一些成功人士，试图发现一些促使他们成功的技巧、天赋和特征。当你看到这些技巧、天赋和特征时，你就会意识到其中的大多数你已经拥有了。而其中的某些技巧与天赋对你商业上已经获得的和即将获得的成功有着更为显著的影响。这些你都能够轻而易举做到。

成功者对自己有着较为明确的了解，能客观地认识自己和评价自己，既承认自己的能力和才干，又承认自己的不利条件或限制因素。自我认可的原则是指，对自己的能力和才干，潜力和长处竭力发扬光大，对自己的不利条件和制约因素，缺点和不足，则能主动地进行自我批评和自我教育，也能努力去避免、改正和

第三章　健全人格是成功的护身符

克服，能正确地估计自己的地位和作用，努力献身理想的职业。真正的自我认可所带来的一个结果，就是个人能够根据自己的天赋、体格、实际的能力以及才干、确定的地位和作用来确定自己的目标、终身目的，以造就自己。

有成功潜质的人能使自己，也能使他人与现实相适应并不断发展，这一个人在和多种因素组成的环境发生相互作用的过程中，可以完好地保持自己生理、心理和社会行为适应的统一性以达到自己的目的。适应原则在主观方面表现为一种满意和愉快的心理体验和心境，对自己的生活和工作，总是抱有一种乐观的态度，对人生的旅途有着较强的自信心，能够清醒、明智地面对现实，积极地接受、正确地解释自己所经历的种种不顺心的事；焦虑、不安、忧郁和挫折感反而却能使自己保持一种坦然、满意、享受人生的态度以及平静的心绪。因此，遵循适应原则的人，虽然他们的聪明才智有所不同，却没有或基本上没有心理、行为的障碍，心理智能得到充分发挥，因而能取得一定的成效，获得成功的喜悦。这些心境反过来又促进其学习、工作和生活各方面以获得乐趣。

成功者对人的关系和事件保持平衡、灵活和全面的看法，就是所谓平衡原则。它要求一个人要有预见人生挫折、威胁和冲突的能力，善于平衡自身与环境的关系，正确处理与他人、与社会的关系，保持与社会的良好接触，客观地分析、评价社会的得失，使自己的思想、信仰、目标、行动都能跟上时代的发展，与社会要求相符合。若发现个人利益与社会利益发生冲突，常能修正或放弃自己不切实际的计划，以求与社会的协调一致。

超越自我的人生心理学

平衡原则不仅表现在要求个体在遇到挫折、威胁、冲突时能保持人格要素——自我观念、思维方式、行为方式和行为风格方面保持一致性，平衡原则进一步要求，人在遇到挫折、威胁和冲突时，也能够把自己的需要、愿望、思维、目标和行为同作为人格核心的自我观念和价值观统一起来。而不是私欲与良心相冲突、欲望背弃了信念、行动和思想相互矛盾、主体意识不统一而形成两重或多重互相对立的分裂人格。

成功者绝大多数对人类知识持基本肯定态度并有着一种向往、追求知识的心理倾向。人格对社会的展示，具有综合性、全面性和丰富性的特点，因此，健全人格必须建立在丰富的知识基础上。人格健全的人，怀有远大的、现实的奋斗目标，酷爱学习，追求知识，并在学习和工作中积极向上，奋发进取，充分发挥自己的聪明才智，竭尽全力获取最大的成就。

健全而成功的人格还体现在言行、对人对事的态度、处理问题的方式等方面。只有那些被周围交往群体产生一定的认可度和被认为具有亲和力的人才称得上是有人格魅力的。人缘型的人之所以受到欢迎，主要在于他与人交往中有意无意地展现自己的人格魅力。除了练就专业能力外，还应当习得和养成实用的交往风格，成人和成才同步进行。要知道：人格是专业技能的载体和整合。这就需要在相应的人格要素或结构上进行有方向地"自修"和锻炼。

如果你发现自己还有一种技能或天赋是你需要的，你却并不具备，你就必须去寻找拥有这一技能或天赋的人或团队，通过培训使你获得所需的东西。这些人将成为你的队友、同事、合作者、

第三章　健全人格是成功的护身符

职业顾问和朋友。随着各类技能与天赋的结合并不断增强，你就会变得更加成功。

人格异常成因与优化途径

据心理学研究所知，人格异常的成因是多方面的，但主要是受家庭与社会的影响。就家庭而言，如果在幼年时期就得不到父母的关爱，甚至受到父母的虐待，儿童从小就不能以父母为楷模，也无法从父母那里学到应有的道德规范与社会良心，人格就无法获得健全的发展。

如果父母对孩子过分苛刻，经常训斥、打骂，孩子受到的惩罚太多，奖励太少，久而久之为了逃避惩罚，他们往往以说谎自卫，或努力寻找其他逃避惩罚的方法；即使犯了错误，他们也不会力图改正错误，而总是想方设法逃避父母的惩罚，这种错误的行为方式如得到保留，并逐渐内化定型，就会形成异常的人格特征。

同样，如果父母对子女过分宠爱，百依百顺，有求必应，其结果是使孩子变得任性、自私自利，极端自我中心主义，完全不体谅别人的感受，长大后就可能不关心他人、集体与社会，无同情心，无责任心，即使损害了他人的利益，也无自责之感，甚至发展到不讲道德良心的程度。

追寻渊源，人格异常往往是家庭教育不当的产物。

就社会方面而言，人在12～17岁左右为人格定型时期，此时的青少年由于强烈的好奇心所致，开始与社会接触频繁。社会对他们的影响不断增强，各种社会现象通过各种渠道开始影响他们，而他们对外界刺激又特别敏感，但辨别是非的能力却不强，易受暗示，往往采用简单的经验去认识与处理复杂的社会现象。因而，对社会不良影响的抵御能力较弱，表现出较大的可塑性。在错误行为方式的教唆下，很容易习得异常的人格特征。

生活实践与环境影响既能塑造良好的性格特征，也可能使人形成种种心理障碍，表现为人格异常。人格异常与情绪性疾病有较大区别，通常没有焦虑症与情感症患者那种强烈的情绪折磨或极度的情绪痛苦，也不会丧失同现实社会的接触。

人格异常表现为种种形式的人格障碍。例如，不能很好地适应生活的需求与应激事件，不能同别人和睦相处，因自己错误而责怪他人；经常嫉妒他人，脾气容易激发且有攻击性；极端依赖他人，完全不能自助；工作极为刻苦，很难放松。人格障碍会妨碍人们正常的生活，是成功路上最难逾越的绊脚石。

人格异常中最为严重是社会病态人格。这类人从不考虑他人，不讲良心，无责任之心，为利己目的而伤害他人时也不感到愧疚。他们对人冷漠，从不关心他人，但却要求别人关心与信赖他们。他们毫无羞耻之心，因而惯于说谎、欺骗、偷盗。他们情绪冲动，甚至不考虑行为后果，为了发泄自己心中的不满，经常采取暴力行为，直至斗殴、凶杀。可见，这类人对他人与社会有极大的危害性。

根据人格形成因素的分析，优化人格的途径也必须从个人和社会两个渠道双管齐下，才能帮助个体优化人格，符合社会的要求。

由于人格具有可塑性，因而通过主观努力，优化、矫正人格

第三章 健全人格是成功的护身符

是可能的。人格的优化与矫正归根到底需通过自我调整，方法主要有两种：一是通过调整处世原则，来转变人格发展的方向；二是通过调整行为反应，以正确的行为方式来取代原有的行为方式，并使之习惯化，逐渐改变人格特征。

矫正不良人格的基本方法，是直接改变行为本身，通过主观努力，逐渐使良好的行为方式内化成为人格特征。

【心理研究：系统脱敏】

系统脱敏法是矫正不良人格的有效方法之一。"脱敏"指摆脱过分敏感。对事物敏感自然属于一种良好的行为反应，但如果过分敏感，就是一种不良的人格特征。因为，过分敏感容易引起心理异常反应，容易产生猜疑、不合群、孤僻、人际关系紧张等，利用"系统脱敏法"能改变过渡心里敏感的状况。

例如，要中学生改变内向胆怯，不敢在大庭广众讲话的不良人格，就先可以在小范围人群中试着发言，然后，逐渐扩大范围，从小组发言到大组、班级发言，再到年级乃至全校发言。随着人群范围扩大，失常反应逐渐消除，正常反应逐渐增强，最终使自己对原来敏感的刺激习以为常，内向胆怯，羞于讲话的人格特征就此得到矫正。

相对而言，调整处世原则对于优化、矫正人格能起更为有效的作用。人格是对现实的态度及其相应的行为方式，而人的态度与行为都依附于人的处世原则。人接触到任何事物，总要以自己的处世原则对其作出评价，以决定对它的态度，进而影响主体表达态度的行为方式。处世原则在很大程度上能对人格起定向作用，因此，调整了自己的处世原则，人格就会发生相应改变。而如要改变自己消极的人格特征，也可以从调整自己的处世原则着手。

矫正不良人格还必须通过整个社会环境的熏陶和教化。人格主要是在家庭、社会、学校等环境的影响下，潜移默化地形成的。这说明，环境影响尽管是一种外因，但却能通过人的内因塑造人格。既然如此，一个人如果在环境影响下形成了某些不良人格，那么有意识地利用环境的潜化作用，同样能达到矫正不良人格的目的。例如，有意结交一些素质良好的朋友，形成一个志同道合的小团体，在团体气氛的感染下，久而久之，无论是言行举止、学习和工作热情，还是人格的意志特征，都会有所改变。此外，健全、良好的社会法制制度能约束和规范社会成员的行为，通过正－负强化方式矫正个体的人格。

心理测验十：性向测试

内向与外向是最基本的性格特征。本测验共有50道题，请根据自己的实际情况作出回答。符合自身情况的回答"是"，不符合的回答"否"，难以回答的为"不确定"。

1. 我与观点不同的人也能友好来往。
2. 我做事较快，但较粗糙。
3. 生气时，我总不加抑制地把怒气发泄出来。
4. 我不喜欢写日记。
5. 我是个不拘小节的人。
6. 我能够做好领导团体的工作。

第三章　健全人格是成功的护身符

7. 受到表扬后我会工作得更加努力。
8. 我从不考虑自己几年后的事情。
9. 我喜欢经常变换工作内容。
10. 我很喜欢参加集体娱乐活动。
11. 使用金钱时我从不精打细算。
12. 我始终以乐观的态度对待人生。
13. 我不怕应付麻烦的事情。
14. 我几乎从不主动制定学习和工作计划。
15. 我的意见和观点常会发生变化。
16. 我肚子里有话藏不住，总想对人说出来。
17. 我不大注意自己的服装是否整洁。
18. 和别人在一起时，我的话总比别人多。
19. 我的情绪很容易波动。
20. 遇到不懂的问题我就问别人。
21. 我的口头表达能力还不错。
22. 在一个新环境里我很快就能熟悉。
23. 我常会过高地估计自己的能力。
24. 我感到具体的工作比探讨理论更重要。
25. 比起读小说和看电影，我更喜郊游和跳舞。
26. 我读书较慢，力求完全看懂。
27. 我经常分析自己，研究自己。
28. 在人多的场合我总是力求不引人注意。
29. 我待人总是很小心。
30. 我不敢在众人面前发表演说。

31. 我常会猜疑别人。

32. 我希望过平静、轻松的生活。

33. 我常会一个人想入非非。

34. 我常常回忆自己过去的生活。

35. 我总是三思而后行。

36. 我讨厌在工作时有人在旁边观看。

37. 我总是独立思考回答问题。

38. 对陌生人我从不轻易相信。

39. 我不善于结交朋友。

40. 我很注意交通安全。

41. 我常有自卑感。

42. 我很关心别人会对我有什么看法。

43. 我喜欢独自一个人在房内休息。

44. 我看到房间内杂乱无章，我就静不下心来。

45. 旁边若有说话声或广播声，我就无法静下心来学习。

46. 我是个沉默寡言的人。

47. 要我同陌生人打交道，我常感到为难。

48. 遭到失败后我总是忘却不了。

49. 我很注意同伴的工作和学习成绩。

50. 买东西时，我常常犹豫不决。

1～25题回答"是"得1分，回答"否"减1分；26～50题回答"否"得1分，回答"是"减1分；回答"不确定"均不计分。

最后把总分相加，分数越高则性格越趋向外向型，分数低则

第三章 健全人格是成功的护身符

趋向内向型。得分在 –10 ~ 10 分之间的属于中间型性格（混合型），这是一种比较平均的性格，但是不是说这种性格比较完善，根据其他性格类型的判定，在某些指标上仍会有可以改进之处。

内向型性格的完善之道

内向型性格的人最大特点是对交际活动极为消极。这种类型中有的人只同少数知心的人交往，同一般人关系很浅，仅保持最小限度的接触；也有的人认为，交际麻烦，为此而表现出躲避、恐惧、拒绝或讨厌别人的态度。所以，这种人要么被视为能力低、傲慢、冷酷、薄情和枯燥无味，要么使人感到不可理喻、莫名其妙、令人不快，甚至会被误解为危险的人，从而带来很多不利因素。因此，内向型性格的人即使不愿交际，也应努力注意使自己的交际活跃起来。而且，应尽可能与更多的人产生共感、共鸣，而不要把自己孤立起来。

内向型性格的人交际应该活跃，但不要模仿外向型人的浅薄和马虎等短处，要发挥自己诚实、严谨和稳重的长处，坚持自己的步调。内向型性格的人，决断和实干的速度一般都不快。要踏踏实实地以自己的速度进行实践，不要因为速度缓而陷入自卑之中。兔子和乌龟赛跑的寓言故事，就是一个人生箴言，有乌龟那种不甘落后、奋起直追的自信心和信念非常重要。

内向型性格的人，做事有彻底完成或彻底弄清的倾向，讨厌做事敷衍了事、含含糊糊。这是值得尊重的品格，应该保持。但如果拘泥于一事的完满，就不注意周围的事情，这样，便容易产

超越自我的人生心理学

生无暇顾及其他事的后果。在弄清某一事件时，也不要一味追究到底。在与人的关系方面，如果过分追根究底，就会被认为是庸俗、不文雅或严厉无情。在工作上，如果过于追究某人的失败、错误和责任，有时也会招致怨恨或拼命的反击。俗话说"狗急跳墙"，因此，不要对他人过于严格和苛刻。如果连细微之处都穷追不舍，就会成为"抠根癖"，这样，不仅会遭到人们的厌烦，而且自己也有逐渐厌倦的可能，所以，应该对此予以注意，尽量避免追根究底。

内向型性格的人要提高判断能力。判断迟缓当然无伤大雅，可是如果总是犹豫不决，迟迟不能做出判断结果并付诸行动也是不好的。因此，经过分析、研究过有关资料，并在理论上做出结论之后，就应进行决断。无论怎样仔细地研究和分析讨论，也无法做出最后的判断时，不要畏缩不前，而应向某一方向迈进。小心谨慎固然必要，但不能只慎重而不行动。虽然判断结果会有风险，但如果不作判断、不行动，机会就会等于零。

内向型性格的人属于"冥想型"，其特点是喜欢沉迷于冥想或空想。这种类型的人，应努力使自己面对现实，发挥其创造力，不要只是漫无边际地做白日梦。人类曾因梦想"能像鸟一样在空中飞翔该有多好"而发明了飞机，使想象成为了现实。由此可见，"想象是创造之母"。日常生活中，人们会产生各种变化无穷的想法；工作时，人们可能产生跳跃性的设想，这些都应朝创造性的方向发展。同时，内向型性格的人的感受性很丰富。这种深刻、敏锐、新颖的感受性若能朝着创造性的方向发展，同时有效地应用到实际生活中，无疑将会更有价值。

第三章　健全人格是成功的护身符

内向型性格的人，常常蕴藏着内在的独特风格。不少内向型性格的人具有温和、风趣、优雅、细致、高尚、纯真、虔诚，甚至神秘等特性，应注意发挥这些特性。应认识到自己的这些内在特性是宝贵的财富。应该坚守"只有自己的生活方式，才具有真正的人性力量"这种价值观。

内向型性格的人不应满足于模模糊糊、朦朦胧胧的无意识状态，而应努力使自己内在的理想具体化，与实际生活相结合，尽量使之在实际生活中表现出来。

内向型性格的人适合的职业以物（例如图书、机器、动植物、自然等）为对象，扎扎实实从事的职业。独立工作的职位是最适合的，如果几个人相互间没有交叉关系，而是平行作业的话也相当适合。特别是对于需要耐心的工作，这一类型的人，更能发挥特长。外向型的人很快就厌烦、放弃的工作，他们却能做得很好。要求周密、细致的工作、规则的工作、单纯反复的工作，都适合内向型性格的人。具体来说的话，适合内向型性格的工作，有学者、研究者、技师、书记、会计、电脑操作者、图书管理员等等。以复杂的人际关系为主，或是和世间繁杂有相当关联的职业，不适合这种类型的人。譬如说他们即使适合做个优秀的经济学者，却不适合担任公司经营者，也不适合作服务业。但是，内向型性格的人由于具备了诚实、严谨、忠厚、有耐心等等的优点，有时在人际关系的工作上，也能出奇制胜。

性格内向的人，对别人如何评价自己过于敏感。别人一个冷眼，一句批评，甚至仅仅因为见面没有打招呼，或者是别人对自己脸色不太好看，就怀疑别人对自己有了什么看法，因而心怀恼怒，这就是种自我意识过敏。它会把你的精力引向生活中的一些细枝末节，会使你斤斤计较别人对自己的态度，从而使你很难树立起正常的人际关系。这是最应改正的性格缺陷。与人交往，总希望关系能融洽，由于人的个性不同，生活背景不同，物质基础、文化修养不同，因此，人与人之间难免意见不一，有时甚至会产生矛盾。因此，与人交往，要求同存异，善于宽容。这样，别人也容易接受你，愿与你交往，这对自己的性格外向发展是很有好处的。

沉静者需要立即行动

沉静型性格的人具有遇事镇定、处事冷静、谋事审慎、办事认真的特点，这是典型的领导者的性格。你的这些特点决定了你在管理领域上存在成功的机遇。但是仅有性格上的优势还是不够的，沉静型性格的人对待机遇总是审慎地选择、周密地思考、谨慎地决断，这种处事方式本来是可贵的。但是，机遇不是自由市场上买菜那样任你挑挑拣拣，机遇有时稍纵即逝，可以说是千载难逢、过了这个村就没这个店，往往不等你想明白，机遇就已经属于别人了。因此，你得多一点冒险精神和迅速决策的能力。

沉静型性格的人还可能在学术研究和艺术创作领域取得成功。因为沉静型性格中思维缜密、工作认真、客观冷静等倾向都是治学和艺术创作应具备的特点。选择治学要经得起寂寞，要有面壁十年、甚至面壁半生的思想准备。一定要保证你的学术观点确实不带个人恩怨、不带个人情绪。此外，选择治学还得安于贫困，

第三章　健全人格是成功的护身符

如果想发财，千万别选择治学。学者发表学术成果可以得到稿费，但学者治学不是为了钱。如果以上几条你想明白了，并坚定不移地选择了治学，那应该祝贺你做出了正确选择。预祝你在学术上有所建树。

沉静型性格的人处事审慎、周密，这有其积极的一面，也有其消极的一面，即自以为是。

沉静型性格的人虽然话不多，但内心里总觉得自己是对的，别人是错的，这必然使你故步自封，听不进别人的意见和建议。对于那些想在仕途上求发展的人，切记不能自以为是。一个人不管有多少个性的优点，只要有自以为是的毛病，就足以挡住你升迁的机遇。

如果说你个性中的沉静、平静是一种美，那再向前迈一小步变成忧郁就是病态。病态的忧郁肯定会影响发展，因为成功的起码要求是心理健康。

忧郁会使人的外在形象受到损害，人们凭印象会说："不知为什么总瞧他那么愁闷，情绪很消沉。"这等于无形资产受到了损失，这种损失是无可估量的。因此，不要把沉静、平静变成忧郁愁闷，要设法多帮助别人，在帮助他人时你会放出异彩。

行动是联系梦想与成功的桥梁，没有具体行动，梦想就会变成空想。更为重要的是，一个希望成功的人应该通过行动表现完美与卓越，并逐渐形成自己的独特性格，只有这样才能引起他人的关注，在人头攒动之中脱颖而出，踏上通向成功的阶梯。一个事事表现平平的人，只能被如潮的人海淹没。

成功者却对我们说：现在你已经有了渴望成功的梦想了吗？

如果有，请立即采取行动，千万不能让渴望成功的梦想湮灭在无边无际的空想中。在这个世界上，行动比梦想更重要，有几分耕耘，就有几分收获，行动是联系梦想与成功的桥梁，没有后续行动的梦想只能是空想。很多人终生没有什么成果，他们缺乏的不是希望成功的梦想，而是落实梦想的具体步骤与行动。正是那些行动起来的少数人，才使自己的梦想逐步变成现实。

自我克制也要避免机遇流失

克制型性格的首要特点是能自制。研究一些心理疾病的案例可以发现，在面对突然降临的不幸、挫折、困难时，自我毁灭的人大多都是缺乏自制力的人，而取得辉煌业绩的人，无论是政治家、军事家，还是企业家、学者，都是自制力很强的人。道理很简单，不能自制，焉能制人，连自己都无法约束，还能指望他成功地约束别人吗？能自制就表现在是否能直面人生，克服自己心理失衡，以健康心态面对生活的挑战。

克制型性格的人能克服消极情绪，用实际行动证明自己是有能力的强者。他不会逢人便诉苦、解释，他习惯用行动说话。能自制意味着他能安排好自己的一切，不管有多大困难，他都能克服。他坚信，靠他坚强的自制力定能达到成功的彼岸。

克制型性格的另一个特点是能容忍冒犯。这主要是因为克制型性格的人对自己追求的目标非常明确；他可以容忍各种形式的冒犯，而决不允许改变既定目标。克制力强的人意志都很坚定，遇挫折他会忍耐下去，能宽容他人的不忠及势利小人的当面侮辱。

第三章　健全人格是成功的护身符

对冒犯及侮辱，他能克制自己，按捺住怒火，压制住火爆脾气。他知道大吵一通，打他个头破血流只是匹夫之勇，却坏了自己的奋斗目标。

克制型性格的人善于排除干扰，专心致志于既定的目标，为实现理想创造机遇。例如：你正在准备考研究生，这很好，时下这是热门。可是，你的时间总不由自主地插进一些意想不到的活动，如：同学生日，邀请你去参加生日宴会；电视转播精彩的足球比赛，同学一定让你一起观看；电影院正在放映进口大片，同学盛情请客，一定让你到场……此外，还可能有舞会、郊游等活动。毫无疑问，你去参加这些活动的理由极其充分。但是，克制型性格的人为集中精力考研，会止住一切影响考研的欲望，婉拒同学的盛情邀请。克制型性格的人对自己的奋斗目标非常明确，为达目的他会矢志不渝、坚持到底。这种人面对诱惑会不为所动，遭遇磨难能耐住性子，一切都遮不住他紧紧盯着目标的眼睛。所以，克制型性格的人是知道该干什么的人，是分得清什么应该优先完成的人，是抓住眼前的机遇不放的人。

当然，克制型性格也是有缺陷的。

克制型性格的人凡事持忍让态度，苦留给自己吃，气往肚子里咽，认为吃亏是福。这种处事态度可以化解许多危机，换取机遇。但是，凡事都有个度。过分忍让，变成忍气吞声，逆来顺受，这也会影响你的成功机遇。

机遇是争来的，有理就要争。忍气吞声、逆来顺受，机遇可能就不是你的了。而克制型性格的人处事过分克己，过分忍让，实际上有时是有其消极作用的，往往会坐失良机，或桃子已被猴子摘去，自己却全然不知。

克制型性格的人善于独立思考，属于自己管好自己的类型。但是，过分的自我意识使他有离群索居的倾向，变得自我孤立和孤芳自赏。本来自律严谨是好的性格倾向，可是由此演变成禁欲、孤独、离群，以至于完全脱离现实生活，最终容易演变成为病态，也就无机遇可言了。机遇是生活中的机遇，离开生活则如僵死一般。

克制型性格的人对自己要求非常严格，但同时也容易按自己的生活准则去要求别人，使许多与他共事的人受不了。不能通融是一种人际交往上的苛刻，其相关表现还有不关心他人痛苦，在别人遇到困难时不愿意伸出援助之手。这种由自制演变成的以自我为中心，以至于排他，通常使人际关系紧张，人们无法与之合作。虽然没发生冲突，却也使人感到不安。到了这种程度，实际上一种好的品格就不再发挥积极作用，个人所承受的是好品格的副作用。

克制型性格的人还应该把握好自己性格的度，忍让但不要发展成忍气吞声；自制但不要演变成自我孤立、脱离现实；严谨但不要让它过分，以至于不能通融等等。你的性格具有两重性，时刻注意使积极面发扬光大，使消极面向积极方向转化。能做到这些，你将无往而不胜。

选择性敏感是成功秘诀

敏感型性格的特点是敏感、柔弱。一般而言，敏感型性格的

第三章 健全人格是成功的护身符

女性比男性要多。敏感型性格的人具有想象力丰富的优点，但是也会感情用事、不冷静、冲动、缺乏忍耐力。

敏感型性格是极其矛盾的性格，一方面"敏感"为成就大事业所必备；另一方面又因神经过敏、感情用事而引起祸端。因此，敏感型性格的人可能分成截然不同的两种命运：一些人成就了大事业；而另外一些人灾祸不断，一辈子郁郁然而不得志。那么，什么原因影响了后一部分人取得成功呢？

敏感而又关心小事是那些无法取得事业成功者的共同特点。他们专门在小事上神经过敏，在小事上感情用事甚至冲动，因此挫折不断。神经过敏主要表现在人际关系的过分敏感。生活中不相干的一件小事都会被怀疑是冲着自己，或大哭大闹，或纠缠不休。

对于神经过敏的人，人们都不愿与之共事，担心不知什么时候惹来麻烦。领导也敬而远之，怕被缠上无法脱身。要是到了这种地步，还会成功吗？感情用事的一大特点是冲动，头脑一热就付诸行动了，至于后果，冲动时已来不及深思熟虑。

认真负责、坚忍不拔、工作能力强是这种人的特长。他们平常是能抑制感情、冷静工作的人。所以适合做秘书之类的工作，也适合做诸如总务、内勤之类的工作。如果能激起深藏于内心的同情心，那么护士、福利方面的工作也是比较适合的职业。

然而由于特别腼腆，这种类型的人因此不适合做与人交往的工作，最好是躲开销售、到处出差的公司职员之类的工作。

感情用事的人不宜经商。买卖人为赚钱需要使用技巧，同时也讲究和气生财。而感情用事的人视商业技巧为"阴谋诡计",甚至会因此而冲动,买卖谈不成,还会伤了和气。感情用事的表现千奇百怪,但都可归之于小题大做、因小失大。

敏感型性格有积极的一面,也有消极的一面。就积极面而言,许多重要的工作不敏感不行;而就消极面而言,过分敏感常常是挫折和失败的根源。日本著名的作家川端康成的性格几乎接近极端的敏感,能抓住任何瞬间的美。这种从他青少年时期就逐渐形成的性格使他成为了一代大文豪,同时也使他走向了自杀的不归路。

敏感型性格的人的机遇在于个人树立远大抱负,最忌讳纠缠于小事。

敏感型性格的人想象力丰富,可以运用创造性想象及推理方面的特长创作文学作品,成为科学幻想型的作家或者推理小说作家。爱因斯坦说过:"想象比知识更重要。"一切发明创造都离不开创造性想象,敏感型性格的人也有成为科学家的潜质。

敏感型性格的人也可以选择军事指挥、刑警、新闻记者等具有挑战性的工作作为奋斗方向。因为敏感型性格的人具有常人所没有的感悟能力,当普通人毫无知觉的情况下他会敏感地意识到某件事会发生。其实,许多工作都需要敏感型性格的人去从事,如围棋、象棋。即使表面上看似简单的足球教练,其实并不简单,需要的是敏感和悟性,他个人会不会踢球倒在其次。足球总不能突破,与我们选拔教练几乎清一色是运动员出身,而没考虑到他的悟性有关。诸葛亮指挥千军万马,但他自己不一定非得会舞枪弄棒不可。

第三章　健全人格是成功的护身符

那么，敏感型性格的人怎样才能扬长避短，使自己成功呢？一个重要方法是立大志，立志干大事，起点要高，志向要远。当你为远大理想而奋斗时，就不会整天纠缠于鸡毛蒜皮的小事之中了。

遇事倔强，遇人和顺

倔强一般来说是一种好性格。在文学作品里，"倔强"总用来描写英雄人物，他们或在敌人面前坚强不屈，或在改造自然、改造社会的斗争中不怕困难和挫折。

假如你是正在学校学习的学生，那倔强的性格会帮助你克服一个个困难：知识由浅入深的困难、家庭经济的困难、学校离家远的困难等。倔强会伴你闯过中考、高考而进入高级学府。假如你是企业领导者，倔强会伴你在激烈的竞争中战胜对手，把你带向胜利的峰巅。假如你正在与你的女友谈恋爱，倔强的个性一定会帮你赢得女友的芳心，因为女孩子更希望自己的伴侣坚强、有力量。总之，无论是学生、科研工作者还是企业家，倔强都是勇攀高峰必不可少的品质。

但是，倔强这种性格表象对于处理人际关系也会带来许多不快和误解，影响上下级和同事之间的团结和信任。人们希望人与人之间的关系比较和顺，而倔强则给人太累的感觉。因为性格倔强的人比较执拗，有十匹烈马也拉不回来的坚韧。这在外敌入侵、与侵略者斗争时是伟大的品质，可是在处理人际关系时则略显吃力。

超越自我的人生心理学

尤其是在处理与领导的关系时，性格倔强的人会使领导处处为难，时时感到心中不快。倔强的人有斗争精神，他们对困难敢于斗争，但是领导不是敌人，通常情况下是属于你必须服从的那种人。倔强的人，由于性格的顽强表现，会错把领导当成敌人而与之对立；他会不把领导放在眼里。每当领导与他商量工作时，他都直言不讳地提出意见。领导会误解成顶撞自己、故意找茬。心胸宽广的领导知道他就是这种倔强性子，不与他一般见识；而心胸狭窄的领导对你说的每句话都要琢磨半天，想问个明白，究竟为什么你这样为难、刁难、发难领导呢？是有野心？是瞧不起领导？是什么事得罪了你？他弄不明白，咽不下老被你顶撞这口气，他逐渐形成对付你的办法，他要采取行动。于是你就会被领导今天动一次、明天动一次，让你总在不安中生活，让你为顶撞领导付出代价。有的领导可能比较有城府，他不与你正面交锋，表面上他客客气气，其实他早已不知为你的哪句话，为你的哪件事和你较上劲了，而你还不知道。他把你与"蛇蝎"一样的同事调在一起，让你被"蛇蝎"天天撕咬，让你神经受刺激。这种领导会用借刀杀人之计，然后说你的处境他一点也不知道。这又是一种让你付出代价的方法。经受来自领导的打击后，具有倔强性格的人一般不知悔改、不知调整自己的个性。性格倔强的人少成功机遇，就是这个道理。

倔强的人与同事关系多数也不和谐，人们对这种人往往敬而远之。倔强的人心眼不坏，他敢打抱不平，敢扶人于危，所以倔强的人有朋友，甚至是"铁杆"朋友。一旦他遇到困难，出面帮忙的人很多，会出现许多感人的场面。但倔强的人处理不好与非

第三章　健全人格是成功的护身符

朋友的广大群众的关系，因为他给人家的印象是不好接近、不近人情。他对看不惯的人会不留情面，过去几句硬邦邦的话会使对方下不来台。如果对他不服，他会闹得不可开交。所以他多"点头"关系，对那些让他瞧不起的人也不想深交。

倔强是一种复杂性格现象，正面负面效果都很明显。具有这种性格倾向的人应该善于把握自己，发展好的一面而克服消极的一面。

外向型性格的改善方向

大多数成功者，尤其在经济领域的成功者都属于外向型的性格。但是同样人数众多的是外向型性格的失败者。也就是说，外向型性格不如内向型性格"安全"。因此，完善外向型性格的方向是"向内"，增强性格的稳定程度。

一般而言，擅长社交是外向型性格的长处。如果给人的印象是八面玲珑、得意忘形、稀里糊涂，那么就会对你的工作和生活带来不良影响。如果溜须拍马、阿谀奉承，就更为不利。周围的人会认为你的格调很低下，于是就会轻视你、不尊重你，别人认为你缺乏诚实，那么你就会得不到真诚的友情。因此，社交活动过于频繁，反而有得不偿失的结果。

外向型性格的人能迅速地作出判断，但其判断往往只限于善恶、正邪、有用无用等极端化的判断。对于事物的情况则较少顾及，忘了其中关系也有区别。在工作方面，除轰轰烈烈和简单、轻松二者外，更有多种形式。对待生活，也不应采取孤注一掷或碰运气的简单化、极端化的方法。

外向型性格的人工作都很积极,这是长处。但不足之处是,有时由于厌倦、疲劳就半途而废,或一项工作没完成就转向其他工作。这种人犹如是个优秀的短跑运动员,擅长起跑后的加速跑,却不如有耐力的长跑运动员。因此他们容易暴露缺乏耐力的弱点。在工作中往往一个人承担一切,负担过重,由此被人称为干将并博得好评,但也容易四面树敌。因此,在工作中不要一人独揽一切,有活大家一起干,把部分工作委托给他人做。应注意能量的控制和贮存、分配和节省,以及合理使用。

外向型性格的人长处是能高瞻远瞩地思考、观察事物。不注意细微琐事,当然无可非议,但有时也会忽视不可忽视的事情。如果常常这样,难免招来轻率的诽谤。因此,外向型性格的人在工作中、在自己的人生设计、人际关系及生活等方面应注意尽量克服这种粗心大意,不要功亏一篑,使自己的努力和辛苦,仅因一点失误就付之东流。

外向型性格的人,有对外界事物抱有兴趣,而却没有丰富内心世界的倾向。作为这种类型的人,应去写作或欣赏诗歌,观赏绘画、雕刻、音乐和戏剧,自己绘画或演奏乐器来丰富自己的精神。此外,还应培养丰富精神世界的兴趣,阅读一些作为精神食粮的小说、随笔和评论,观看某种电影。不要只注重实利和实用,还应尽力培养情操,多多思索。这样,就可成为既有深度又有广度,并充满人情味的人。

外向型性格的人适合集体工作的职业。公务员、公司职员等等。记录、记账、资料整理、机器类操作、实验、观察等等,较

第三章　健全人格是成功的护身符

枯燥又必须从事的工作是不适合的。总之，外向型性格的人比较适合和周围的人一同协力的工作。因此，最适合与人接触频繁的工作。杰出的公关人员，大多都是这种类型的人。外向型性格的人也适合做宣传人员和教育者。如果有卓越领导能力的话，也适合做指挥、监督、领导别人的上司，其中也不乏成功的实业家及政治家。

外向型性格的人一定要结交内向型性格的朋友，因为这种人能潜移默化地给你带来影响，是你学习的好榜样。如果是工作上的密友，内向型性格的人的意见或辅佐一定有用。被称为"好搭档"的人，当然根据其工作性质的不同，发挥的作用也有所不同。

好胜不必争强

好强型性格的人成也在好强，败也在好强。因为好强型性格中的一些消极特点常常把他与失败联系在一起，使他丧失事业成功的机遇。

好强型性格的人总是自我估计过高，或者说自我估计不符合实际。在工作中他处处想占上风，为此他不惜坑害别人，损害别人的利益。好强以至于唯我独尊的人以为贬损他人就能达到抬高自己的目的，其实恰恰相反，在人们的潜意识中，这种人似乎神经出了什么毛病，人们不敢与之交友，人人都好像躲避瘟疫一样地躲避他，唯恐沾上他，自己受到贬损。因此，这种好强只能使他自己孤立。

好强型性格的人也表现为自以为是，该请示的不请示，喜欢

超越自我的人生心理学

自作主张，自己拍板。他忘记了虽然领导不可能事事比群众高明，但却事事得领导拍板，而不能撇开领导自作主张；他忘记了虽然领导干事业显得力不从心，但解雇一个雇员却不费吹灰之力。好强型性格往往处理不好与顶头上司的关系，终将丧失领导的信任，也就堵死了他成功的道路。

好强型性格的人常常把好强演变成固执。他不愿面对现实，宁愿在现实面前碰得头破血流也不与现实妥协；他不会转弯，视转来转去为耻辱；他拒绝好心人的帮助，宁可在阻击战中牺牲也不肯撤离阵地。人际关系的复杂本来有些就是因为误解或别人从中挑拨，他宁愿误解存在下去而不寻求当面说清楚的机会……尽管固执使他蒙受损失，可他宁愿沉入深渊而不设法逃离，这是因为好强型性格的人大都有很强的自尊心，他宁为玉碎不为瓦全。他宁愿把个人的机遇置之度外。这种好强实际上已经走上了极端，一般很难通过劝说令其回头。

你可能并没有意识到你的个性对他人构成伤害，相信如果你意识到了就会约束自己并会尊重他人的。你的好强、积极本是你成功的基石，为什么一定要把好强与自以为是、唯我独尊混在一起呢？你对他人苛刻，用以显示自己比别人高一筹，可那效果恰恰相反，越喜欢显示自己的人越容易失去自己。虚心使人进步，骄傲使人落后，好强型性格的人不至于连这句名言都当作空洞的口号而拒绝接受吧。而固执历来不是什么好的品格，在当今信息爆炸的时代，固执更是应该被时代淘汰的旧装。抛掉你的痼疾，抓住你的机遇吧。

第三章　健全人格是成功的护身符

智勇双全方可得胜

机遇可能来自于一项需要冒险的工作，当别人犹犹豫豫的时候，你迅速做出决断，大胆承担起来，很可能这就是改变你的命运的关键性一步。

在工作中，勇敢型性格的人与妥协型性格的人大不一样。妥协型性格的人会搞好与同事的关系，他的原则是与他人保持绝对一致；而勇敢型性格的人会在特殊环境下（例如战争、各类救灾活动、或承担高风险的项目等）脱颖而出，成为领袖。因此，可以说勇敢型性格的机遇是冒险干出来的，是舍命拼出来的，他命里注定得从事像走钢丝一样高风险的事业。这种高风险事业除了政治的、军事的之外，也包括经济的。

老子云："祸兮福所倚，福兮祸所伏。"勇敢型性格的人冒险拼得的机遇往往也潜伏着危机，这种事例举不胜举。敢干与好冲动是孪生兄弟，很难辨清哪个行为是勇敢，哪个行为是冲动。敢干是勇敢，值得称赞；冲动是不理智，令人反感。

人在冲动时，理智不能控制其语言和行为，因此会说出伤人的话、泄密的话、违反政策的话、侵犯人权的话，等等。更严重些，还会干出超出常理的事。这些会使已有的成绩付诸东流，原本良好的公众形象受到破坏，本该结婚的恋人可能因此分手，本该晋升因此可能作罢了，本该财气兴旺的因此转向萧条了……总之，各种成功机遇都可能因一次冲动而丧失。

鲁莽是勇敢型性格的又一消极表现。他有时说话未经考虑脱口而出；做事未经深思不该出手时也出手。这些看似"小节"，其实都会顷刻间毁掉前程,所造成的恶果令你后悔莫及。有时人们对你办的好事记不太清,倒是对你的一次鲁莽行为念念不忘。如果不重视这一点并加以改正,机遇都会被你吓跑。

千里之堤毁于蚁穴。勇敢型性格常为一点疏忽而追悔莫及。因此,勇敢型性格的人应养成办事认真的习惯。

以上所述好冲动、莽撞、粗心大意都是与大胆、敢干结伴而行的性格特点,这几个特点是影响勇敢型性格的人获得成功的消极因素,有时甚至足以毁掉你冒险创下的成就。

当然,说"胆量就是机遇"不会有谁误解为不讲科学地蛮干。当你想去冒险干一件大事时,一定先进行科学论证,千万不要去充当冒冒失失的莽汉。在科学高度发展的今天,那种振臂高呼"誓死"干什么事的做法已经被时代淘汰。敢于冒险的性格特点表现在市场竞争领域的前瞻性、挑战性和风险意识上,这比振臂高呼、比空喊口号、比表决心要难得多,也残酷得多。要适应这种形势,必须有相应的科学文化知识作为基础,胆量应是以知识为基础的胆量。所以一定要跟上时代发展,不断充实知识,使你的胆量具有更多的含金量。

化戾气为祥和

暴躁是人的一种极端化的情绪,遇事好发急,不能控制感情。这种不良的个性品质,通常多见于性格外向兼有神经质倾向的青少年。其主要表现是沉不住气,易激动,听到一句不顺耳的话就火冒三丈,甚至唇枪舌剑,拳脚相加。

第三章　健全人格是成功的护身符

暴躁只是人们在一定情况下的一种外在表现，是性格的表面特性。因此，尽管暴躁很普遍，却不是一种独立性格，而是一种常见的附属性格。

暴躁是指人在发脾气时的状态和表现。可是，正常人中没有每时每刻在发脾气的人。因此，暴躁不是人的常态，而是特定情况下的一种状态。而这个"特定情况"就是性格的根源。这种"特定情况"是多种多样的，因此暴躁分成若干种类。对各种不同类型的暴躁要善于区分，不可一概而论。

【心理研究：暴躁情绪的类型】

敏感型的暴躁：有什么事使人钻了牛角尖，发脾气，纯属小题大做。

抵抗型的暴躁：遇到了强敌，发脾气誓与强敌一决高低。

怀疑型的暴躁：有什么事引发了怀疑，发脾气是对所怀疑的事的挑战。

情绪型的暴躁：有什么引发了情绪的波动，发脾气以求情绪的舒解。

激进型的暴躁：产生了极端的思想，发脾气给对方扣上大帽子，以求压倒对方。

任性型的暴躁：别看找不到合理的原因，发脾气的目的多为要弄对方。

耿直型的暴躁：发脾气为争只言片语的输赢，立竿见影，沾火就着。

孤独型的暴躁：郁结于胸中多日的不满，发脾气是为了讨伐

超越自我的人生心理学

不公。

兴奋型的暴躁：由于兴奋点受到压制，发脾气以求兴奋得到疏解。

忧虑型的暴躁：由于莫明的烦恼，发脾气是为让别人分担他的愁闷。

紧张型的暴躁：由于急于求成，发脾气是冲破困扰的激动挣扎。

如此可以看出，许多类型的性格都有暴躁的一面。暴躁并不是一种单一的、独立存在的性格，而是种种不同性格的同一状态给人们留下的印象。

暴躁并不总是如我们通常理解的那样，是纯自然状态，一些政治家、军事家常常故意大发脾气，以人为制造出来的暴躁状态当武器。

暴躁也有程度上的区别。轻微暴躁是人的天性的一部分。谁都难免遇到不快、着急上火。发发小脾气属轻微暴躁，轻微暴躁不会给他人造成任何伤害，有时人们为安慰发脾气的人，还会故意逗乐。轻微暴躁的人在集体中颇有人缘，是开朗、热情、乐于助人、朝气蓬勃、外向合群的一类。他们虽然偶尔会发发脾气，但仍然讨人喜欢，谁也不放在心上。人们总记得他乐于助人的那一面，并且有事还愿意找他。

中度暴躁要严重一些，直接发脾气的对象会留下一定创伤，并且不易忘却。但一般发脾气理由比较充分，不会乱发脾气。如果说轻微暴躁发的是小家子气脾气，那么中度暴躁发的就是有气概的脾气。中度暴躁对不相干的人基本没有影响，人们知道他爱

第三章　健全人格是成功的护身符

发脾气，但仍喜欢与他相处，但那些讨厌发脾气的人会与他疏远。

严重暴躁近乎病态、疯狂，不在乎地四处乱跑乱叫，而且因小事也能恶性发作。这种人在集体中不被尊重，人们认为他神经不正常。暴躁无论是什么类型，只要变成恶性发作，其危害是出人意料的。

据说古希腊哲学家苏格拉底年轻时暴躁，爱发脾气。有一次，有人警告他，乱发脾气弄不好会把他引上犯罪道路的。这话对他的刺激很大，于是他暗下决心一定改变，结果他克服了脾气暴躁的毛病，最终学有所成，成为大哲学家。苏格拉底告诫人们要"认识自己"，认识自己脾气的严重，认识暴躁的危害。充分认识了，也就有办法改变自己了。性格心理学认为，性格方面的问题首先要"认识自己"，当事人只要认识到了就会有毅力、有魄力克服自身的弱点。

人格的测量与感知

除了了解、改善自己的人格之外，及时地了解别人——你的合作伙伴或者竞争对手的人格也是必须的。了解某人的人格，可以使我们预料他在特定情况下可能采取的态度或言行方式，以避免消极行为而引导积极行为。

不要认为人们会将自己的人格掩盖起来。一个人的人格会影响他的情绪，通过脑神经，作用于身体上的每一块肌肉。通过一个人的外在表现，我们很容易判断出一个人的人格。只有极少数经过严格训练的人才能达到掩盖自己真实面目的水平。

超越自我的人生心理学

测量人格的常用方法有五种，即观察法、自然实验法、问卷法、访谈法与投射法。观察法是在日常生活条件下，通过被试者的言语、表情和行为等外部表现来了解其心理活动的方法。在古代，相面是重要的人格观察法。罗马皇帝凯撒认为："我并不害怕这些肥头大耳的家伙，可那些面容苍白的瘦家伙着实让人操心。"另一种根据可见的特征来区分人格的方法是骨相学，就是摸头骨形状的伪科学，曾在19世纪风行一时。直到今天，许多人仍然相信天庭饱满突出的人是"足智多谋"和敏感的。这些方法并不科学，但是有经验的积累，在有些时候是有效的。

人们常说"眼睛是心灵的窗子"，它会毫不掩饰地表露出你的学识、品性、情操、趣味和人格。从一个人的眼神里，我们很容易判断出他的人格。日本心理学家草柳大藏说，能否把对方掌握在自己手上，在最初的30秒内就可以决定了。当双方的视线互相接触时，首先翻眼皮的人，就是胜利者。反之，对方的心理动态，马上就被先下手为强的人操纵了，接着，对方的心理活动，也会落在后者的掌握之中。

除了眼神，笔迹也经常用来分析人的人格，也就是"字如其人"。一般字写得越大、字间距越宽，人的人格就越内向；笔画较重，说明做事较踏实；字间距很挤、字体倾斜，说明外向、固执；总是一笔一画、字形方正，说明感情细腻、为人平和；笔画连笔越多，该人思维越活跃；笔画总是不直，这种人完全知道"好汉不吃眼前亏"；而字写得很漂亮、连笔适中的，则该人毅力较强、识大体，是潜在的领导者。如果有一个人字写得很挤，字体右倾，一笔一画，笔画很重，就可给初步分析他的人格为：固执、保守、

第三章 健全人格是成功的护身符

外向，责任心强，什么事都自己做才放心，多话，好得罪人，正直，生活有条理。

不过，利用观察法来测量、了解人的人格也有局限性。由于观察者对被观察者不作任何控制，仅对自然状态下所呈现的行为表现进行观察，因而观察者经常处于消极等待的被动地位，无法根据需要定向地主动获取被观察对象的有关行为表现，所获得的材料也具偶然性与片断性特征。观察还具有难以获得定量化的精确数据、所用的时间长、易受环境条件的制约等缺点，几乎不能精确地剖析行动的因果关系，因此观察须用其他方法来弥补其不足。在日常生活条件下，自然实验法是人们最常用的人格测量方法。

【心理研究：自然实验法】

在日常生活条件下，结合被测试者的工作、学习、活动情景来进行的实验形式称为"自然实验"。利用自然实验在有利的情景下观测被试，以获取行为素材的方法，即为"自然实验法"。自然实验法在测量人的人格方面有其独特的作用。观察者可以人为地创设某些能引起被试特定行为的实验情景，然后观察被试的行为方式，便能大致确定被试的某种人格特征。例如，要测量一个人的诚实程度，就可以专门设计一个实验情景，定向地引发被试诚实或不诚实的行为表现，通过观测便能大致确定被试的诚实程度。

自然实验法在生活中有大量的应用，例如恋爱中的姑娘们常常对男朋友进行"考验"，在心理学上就属于自然实验法。另外，

超越自我的人生心理学

人们普遍认为在旅行、饮酒时最能了解一个人的个性,也是属于这种方法。在了解他人人格的时候,要坚持一些评定原则,才能避免得出错误结论,从而产生认知偏差,影响人际关系和成功发展。

首先必须采用实事求是的科学态度,不能主观虚构。坚持了观察的客观性,才能保证观察所获得的结果确实是观察对象所反映的真实情况。而得到了观察对象所反映的真实情况,才便于从真实的观察材料中提炼出正确的结论,进而把握观察对象个性的本质特征。

其次要尽可能地从多方面对对象进行观察,把握对象的多方面属性。由于人的人格结构相当复杂,我们要客观地认识它,就要尽量全面、周密、细致、准确地观察它的各个方面、各种表现以及它们随时间的变化、沿空间的分布、它们产生的条件和周围环境的关系等,以便把握对象的全部规律和联系。

为了取得良好的观察效果,要尽量选择那些受干扰少的典型条件进行观察。如在纷繁复杂的观察条件中,各种因素交织在一起,往往很难达到对研究对象的真实了解。因此,拥有一双"火眼金睛"的观察者总是善于选择比较纯粹的条件实施观察。

总之,在了解、完善自我人格的同时,尽量探查他人的人格特点,有利于我们找到朋友,消除偏见,化解敌意。正如兵法所说的那样:知己知彼,百战百胜。

第四章　心有所想，事有所成

两个美国推销员奉命到非洲去推销皮鞋。在天气炎热的非洲大陆，人们一般都是打赤脚的。第一个推销员看到非洲人都打赤脚，立刻失望起来："这些人都打赤脚，怎么会要我的鞋呢？"于是放弃努力，失败沮丧而回。另一个推销员看到同样的场面，心里却惊喜万分："这些人都没有鞋穿，这是多么大的市场啊！"

美国最著名的心理学家 W. 詹姆斯说：这一代最伟大的发现是，人类若改变本身的心态，就能使生活本身发生变革。

成功人士运用积极心态支配自己的人生，他们始终用积极的思考、乐观的精神和辉煌的经验支配和控制自己的人生。而在失败者中，十个有九个并不是被困难打败的，反而是自己放弃了成功的希望。他们的人生被过去的种种失败和疑虑所引导和支配，预期得到的是最糟糕的结果，而且这种糟糕结果在他们看来是必然发生的。

拉尔夫·爱默生说："一个人如果缺乏热情，那是不可能有所建树的。"热情像浆糊一样，可让你在艰难困苦的场合里紧紧地粘在那里，坚持到底。它是在别人说你"不行"时，发自内心的有力声音——"我行"。

超越自我的人生心理学

在单调中寻找工作的乐趣

玛丽亚小姐在一家石油公司做打字员，她的打字效率在公司中首屈一指。因此，在每个月当中的某几天，她被公司委以更多重任，必须去做一件枯燥无味的但是对于公司而言十分重要的工作，就是在一张张空白的石油代销表内填入阿拉伯数字及计算结果。由于这项工作太过单调，按照一般的方式去工作既容易疲劳，又容易出错。她下定决心要使它变成让自己感兴趣的工作。那么她是怎么做的呢？

玛丽亚小姐决定要求自己每天和自己比赛一次，到每天上午即将结束的时候，她就计算一下上午所完成的表格数量，要求自己要在下午完成比上午还要多的表格。同样地，在一天工作结束的时候，计算一下当天完成的数量，作为明天要超越的工作目标。结果，经过一段时间的锻炼，她成为她那一组中工作速度最快并且完成表格数量最多的一位打字员。

许多人认为，所谓工作，就是一个人为了赚取薪水而不得不做的事情。另一部分人对工作则抱着大不相同的见解，他们认为：工作是伸展自己才能的载体，是锻炼自己的武器，是实现自我价值的工具。

所谓幸运的人，是那些工作正是自己兴趣所在的人。因此不至于因为工作而产生疲劳，所以他们会在工作中表现得比一般人有更多的精力与快乐，而没有什么会使他们感到忧虑与疲劳，因此也非常容易获得事业上的成功。

我们无法保证每天都是在干自己喜欢的工作，就算你有跳槽

第四章 心有所想，事有所成

的本领，也不可能找到完全符合你兴趣的工作，而且，每一篇"求职者须知"都告诉你要适应工作，而不是让工作来适应你。因此，我们在面对自己不喜欢的工作时，也要保持一定的热情，让自己把工作与兴趣结合起来。

无数成功人士的经历告诉我们：要么从事自己有兴趣的工作，要么培养自己对工作的兴趣，兴趣是一个人快乐工作的前提。伟大的哲学家罗素就曾经说：我的人生正是使事业成为喜悦，使喜悦成为事业。

【心理研究：情绪调控作用】

心理学研究表明，情绪的好坏对于人们产生疲劳的影响，远比由于体力透支所造成的影响来得大。当一个人的心灵被消极的情绪（如恐惧、激愤、悲痛等）所笼罩时，就会严重地干扰即时行为。

消极的情绪之所以会干扰行为，就生理机制而言，是因为消极的情绪会使大脑皮质处于抑制状态，而大脑皮质是主管人的理智活动的中枢，一旦进入抑制状态，就使它失去对理智活动的支配，导致思维功能发生障碍，进而使行为失去调控。

其实，不仅即时的情绪对行为有影响，旧有的情绪记忆同样会对现实行为产生影响。情绪记忆的唤起能使人重新感受到强烈的体验。当回忆某一事件而唤起积极的情绪时，人会处于愉快、激动之中；当回忆某一事件而唤起消极情绪时，人会重新陷入痛苦、恐惧之中。情绪记忆常常成为人进行某种行为的动力或阻力，或推动人去进行某种行为，以避免再次体验消极的情绪。

超越自我的人生心理学

　　大多数的人未必一开始就能获得非常有意义的工作，或非常适合自己的工作。倒是有相当一部分的人，刚开始都被派做一些非常单调呆板和自认为毫无意义的工作，于是认为自己的工作枯燥无味或说公司一点都不能发现自己的才能，因而马虎行事，以至于无法从该工作中学到任何东西。

　　对待任何工作，正确的工作态度应是：耐心去做这些单调的工作；培养出克己的心智。如果最初无法培养这种克己的心智，渐渐地便难以忍受呆板单调的工作，而一个又一个的调换工作场所，并慢慢的被调到条件差的工作岗位，而逐渐成为无用的人。

　　所以即便是单调且无趣的工作，也应该学习各种富有创意的方法，使该工作变得更为有趣且富有意义。

　　前面提到的玛丽亚小姐的做法其实就是用一种"自我竞赛"的方法来给枯燥的工作加入一些调料，从而使其枯燥的味道变淡，进而变成浓厚。如果愿意，我们人人都可以做到这一点。那么优秀的成绩使她得到了些什么呢？是赞美吗？没有；是感激吗？没有；是升迁吗？没有；是加薪吗？也没有；然而，玛丽亚小姐所得到的是使她从此不再因为枯燥单调的工作而感到疲劳，也由于工作态度的转变，使她对自己的工作感到有乐趣，进而不再感觉工作的乏味与精神的疲劳，使她能够有更多的精力去参加工作之外的交往，从事其他感兴趣的活动。

　　在清醒的时候，每个人将近有一半以上的时间要花费在工作之上。因此一个人如果在工作中找不到快乐，那么，在他的生命当中就很难找到更多的快乐了。所以说，对工作保持永不衰竭的兴趣是生活快乐的主要秘诀之一。

第四章　心有所想，事有所成

你不妨在年轻的时候去体验各种工作，特别是去从事自己所不擅长的工作，从而开拓自己的能力。这是因为，无论是在财务方面所知有限，不善处理人际关系，还是缺乏经营观念或是技术不精等缺点，对一个奋斗者而言，都将带来难以大展宏图的困境。

不要被成功欲望绑架

有个富翁得到了一盏古老的油灯。他试探着擦了擦油灯，没想到真的从里面跑出一个神怪。神怪答应富翁可以满足他一个愿望。

富翁说：我要更多的土地！

神怪说：好吧，你现在到田地上去，在太阳下山以前，凡是你的脚印围起来的地方都是你的。

富翁想得到尽可能多的地，就越跑越远，不吃也不喝。可是到太阳下山的时候，他的脚印并没有围起来，最后一寸土地也没得到。

你一天平均工作几个小时？8个小时？10个小时？还是夜以继日、无休无止地工作？对大多数人来说，现在拼命工作，是为了将来可以"少工作"或"不必工作"，希望有朝一日能游山玩水，过着享乐的日子，所以现在才努力工作。但对某些人来说，他们之所以工作，因为他们无法从工作中自拔，离不开工作，他们就像一台高速运转的机器一样，完全无法让自己停下来。

如果你属于前者，那说明你还正常；但如果是后者，恐怕你已经对工作着魔，并犯了工作上瘾的毛病。换句话说，你已经变成了一位工作狂。或许你不愿承认，并且辩称："我这是热爱工作，不是什么工作狂。"那么，我们不妨来看看"工作狂"与"热爱工作"有什么不同。

根据心理学的解释，如果一个人不论吃饭、睡觉、读书、聊天、玩乐的时候，心里都每时每刻地想着工作，就可以肯定，这个人是100%的工作狂了。

心理学家还提出许多工作狂难以理解的观点：一个热爱工作的人，不见得就会工作上瘾；相反，一个工作上瘾的人，未必就是热爱工作。每一个工作狂都有不同的工作动机。有些人嗜好工作中的侵略性，有人依赖井然有序的工作来满足被动心态，也有人是想借工作来麻痹自己，还有的人则是因为激烈的竞争需求，用工作代表胜利，觉得自己高人一等……

你是不是工作狂，只有你自己最清楚。你要不要变成工作狂，也完全由你自己决定。但是你必须相信一件事，虽然热爱工作、努力奋斗、渴望成功都没有错，但你不要错误领会，那绝对不是要我们变成成功欲望的奴隶，完全被工作操控，而是要我们去做工作的主人。

【心理研究：工作狂】

心理专家检验"工作狂"的标准不是看他"做了什么"，而是看他"不能不做什么"。尽管工作狂也各不相同，专家还是提供了几种方法来让我们加以辨别：

工作狂偏好技能，并且尽量避免无需用到技能的场合。像表达感情、想象力这一类的事，通常他们比较畏怯。

第四章　心有所想，事有所成

工作狂的心中充满定义、原则、目标、方法、步骤、策略等等，遇到难以理解的事，他们绝对无法接受"笔墨难以形容"这类的说法。

工作狂决不轻易放过任何事，总是引导攻击每一件事。即使他在看一部电影（或者一本书）的时候，恐怕心里也是想着："如果换成我来演（或者来写），就会如何如何不同。"

工作狂无法享受"现在"的感觉，完全受制于工作的目标、成果和终点。

效率是工作狂的信仰之一，而且近乎吹毛求疵，任何浪费、损失都令他们勃然大怒。

一个人不可能为别人负责，只能对自己负责。有些工作狂常常把别人的事当成自己的事。希望自己对所有人负责。其实，他们不可能做到如此。其结果往往是，他们不仅把自己弄得疲累不堪，对方也不见得领情，反而认为你紧迫盯人，带来莫大的压力。

一个人不要做工作的奴隶。有工作狂的人，常常不自觉地会给周围的人带来压力，对别人的"感觉"也往往视而不见。有些工作狂其实是缺乏信心，期望从加倍工作中得到别人的掌声。不要太在乎别人对你的评价，否则，那反而会变成你的包袱。心理专家指出，工作狂的生活几乎完全受工作支配，一旦他们停下来，就会觉得生活立刻失去重心，无所适从。

看看你自己，是否已经成为一种工作狂，如果不是，那当然值得庆幸；如果是的，那就赶紧将自己解脱出来吧。

超越自我的人生心理学

当心被名利遮住双眼

在中世纪的意大利,有一位叫塔尔达利亚的数学家,他经过自己的苦心钻研,找到了三次方程式的新解法。这时,有个叫卡尔丹诺的人的找到了他,声称自己有千万项发明,只有三次方程式对他是不解之谜,并为此而痛苦不堪。善良的塔尔达利亚被哄骗了,把自己的新发现毫无保留地告诉了他。谁知几天后,卡尔丹诺以自己的名义发表了一篇论文,阐述了三次方程的新解法,将塔尔达利亚的成果据为己有,他的做法虽然在相当长一个时期里欺瞒住了人们,但真相终究还是大白于天下了。现在,卡尔丹诺的名字在数学史上已经成了科学骗子的代名词。

有的人或许会问:成功不就是谋求名利吗?为什么还要淡泊名利呢?

名和利是一对孪生兄弟,相互追随,谁也离不开谁。但是现实中有的人重名不重利,戏称自己为"涣散之人";有的人重利不重名,讲究实惠;有人追名逐利,什么也舍不得放下。

钱财对于人来说固然重要,但人不能钻到钱眼儿里去,因为世界上还有比钱更重要的东西,那就是人的品格德行。从古到今,有钱的富翁有多少,人们无法知晓,而谈起那些古今德高望重的圣贤,人们却如数家珍,正如诗中写的那样:"有的人死了,他还活着;有的人活着,他已经死了。"虽死犹生的人,不是他富有金钱,而是他富有高尚的道德品质。所以在利与义之间,君子的做法是舍利取义。

求名并非坏事。一个人有名誉感就有了进取的动力;有名誉

第四章　心有所想，事有所成

感的人同时也有羞耻感，不想玷污自己的名声。但是，古今中外，为求虚名不择手段，最终身败名裂的例子也很多。要知道，名和利只是为成功所付出的辛劳的副产品。

从心理学的角度讲，名利心太重是自我意识不完善的表现。如果一心只图名利，又不能立即获取，功利心太切，就容易产生心理障碍，生出邪念，走入歧途。

【心理研究：自我意识】

自我意识是意识的一个方面、一种形式，是人自己认识自己，认识自己与周围环境的关系。儿童在1周岁左右便有了自我意识的萌芽，即把自己和自身以外的客体区分开来，使自己成为活动的主体。但是儿童的自我意识还不完善，尤其是不能分清自己与社会的区别，不能克制自己的欲望。所以小孩子想要一件东西，无论如何也会要到手。

弗洛伊德曾经提出人格是由本我（id）、自我（ego）和超我（superego）三部分构成的。每一部分都有相应的心理反映内容和功能，又始终处于矛盾运动之中。本我包含了人的一切原始冲动和本能欲望，其中最重要的是性欲和攻击欲望，是一切心理能量之源。自我是在本我的基础上发展起来的，其任务是调节本我与现实的矛盾。超我是人格中代表理想的部分，突出特点是追求完美。

眼中只有"名利"二字的人就是本我过于发达，而缺乏调节能力。

实事求是地说，人生无利则无以生存，无以养身，不能养身则无法立业。所以不能简单地把求利之人都视为小人,这要看为谁谋利和以怎样的手段谋利,获利后又怎样对待和利用所获取的利。求名也无过错,关键是不要死死盯住不放,不要看花了眼。那样,必然要走上沽名钓誉,欺世盗名之路。

有个美国人院子里有一块废石,因为觉得它有碍观瞻,就让人搬走。搬运工不小心把石头掉到了地下,摔出了一个缺口,露出里面包着的紫水晶,这是价值连城的宝物。当主人知道了真相后,很平静地说:"这块石头,我本来就是要丢掉的。现在虽然发现它是宝物,想必是上帝的旨意,我一言既出,绝不反悔。我决定不占为己有,而将它送给博物馆,让更多的人来欣赏。"

石头主人的做法,虽然是从维护自己的做人原则出发,要让自己活得心安理得,但客观上起的作用却已超出了这一点。纽约自然博物馆每天不知要接待多少来自世界各地的游客,当人们来到这块石头前,听导游讲述了它的来历时,不管屋里多么喧哗,都会马上静下来,人们出神地望着它。这块石头里不仅包着一块水晶,还包着一颗比水晶还要贵重的水晶心。看到它,谁的心灵不会得到一次净化呢?它会使人间减去多少恶行,增添多少美德,这是无法估量的。

Just Do It! 事在人为!

心理学家引导七个人穿过一间黑暗的房子。然后,他打开房内的一盏灯,这些人看到这间房子的地面是一个大水池,水池里有几条大鳄鱼,刚才他们就是从水池上方搭着的一座窄窄的小木

第四章 心有所想，事有所成

桥上走过来的。

心理学家问："现在，你们当中还有谁愿意再次穿过这间房子呢？"过了很久，只有三个胆大的站了出来。其中一个小心翼翼地走了过来，速度比第一次慢了许多；另一个颤巍巍地踏上小木桥，走到一半时，竟趴在小桥上爬了过去；第三个刚走几步就一下子趴下了，再也不敢向前移动半步。

心理学家又打开房内的另外几盏灯，这时，人们看见小木桥下方装有一张安全网，只是由于网线颜色极浅，他们刚才根本没有看见。"现在，谁愿意通过这座小木桥呢？"心理学家问道。这次又有五个人站了出来。

"你们为何不愿意呢？"心理学家问剩下的两个人。"这张安全网牢固吗？"这两个人异口同声地反问。

爱默生说：自信是成功的第一秘诀。积极乐观的心态能够让人战胜恐惧。失败的原因往往不是能力低下，而是信心不足，还没有上场，精神上首先败阵。乐观的心态能够让你战胜恐惧，成功地通过一座座险桥。一件事的成功，往往需要很多因素。而事实上你只要具备其中做好关键性因素的能力就可能获得成功，而你在非关键因素上的能力不足，并不会影响成功。

但是在现代社会，任何人都会不断地遭到自卑感的冲击。个体心理学的创始人阿德勒认为，人在生活中时刻都可能产生自卑感，比如先天的、生理上的缺陷，在家庭中的地位，走上社会后人与人之间的利害冲突等，都可能让人产生不完满、不得志、比别人差的情绪。他们可能因为拿自己和周围的人进行比较而感到气馁，他们甚至还会因为同伴的怜悯、揶揄或逃避，而加深其自卑感。

【心理研究：信心崩绝】

心理学家卡尔·沃登做过这样一个实验：让一只白鼠饿上两天，然后把它关在笼子（名为"哥伦比亚障碍笼"）里面，再在笼子远处放上一两粒食物，让老鼠抓不到食物，而只要在接了电的栅栏上乱抓，它的爪子就会触电。老鼠越感到饥饿，就越想跨过电栅栏取食物。到三天之后，老鼠即使去掉栅栏，老鼠可以得到食物，也会失去斗志，瘫软在角落里。心理学家解释这种现象为"无力感"，也就是所谓的"信心崩绝"。

心理学家发现，从来没有人可以抵挡一而再、再而三的信心毁损。一再被责难的人，即使是优秀者，自信也会毁灭。

有自卑心理的人，大脑皮层长期处于抑制状态，抗病能力下降，从而出现头痛、乏力、焦虑、反应迟钝、记忆力减退、食欲不振、早生白发、面容憔悴、皮肤多皱、牙齿松动、性功能低下等病症，导致衰老加快。而身体健康的破坏，将不可逆转地降低你成功的可能性。所以我们要想方设法消除自卑，建立自信心。

下面介绍日常生活中几种增强自信心的简易方法，你如能熟读这些原则，并有意识地努力实践这些原则，就一定能成为充满自信的人。

首先在心理上必须做好"坐在前面"的思想准备。在集会时，总是后面的座位先坐满。许多人愿意坐到后排是因为不想为人注目，这多是由于缺乏自信心的缘故。你要反其道而为之，坐到前面去，给自己带来信心。

第四章　心有所想，事有所成

　　心理学家认为通过改变自己动作的速度，实际上也可以改变自己的态度。如果你走路比一般人快，就像是在表达这样的意思：我必须赶紧到很重要的地方去，那里有重要的工作非我去做不可，而且，在15分钟内我将出色地完成这一工作。所以，请把你走路的速度提高10%。

　　养成主动与人说话的习惯也很重要。越是主动和人谈话，信心就越强。以后与人交谈就越容易了。自我封闭的态度无异于对自信心的扼杀。对话时，养成盯住对方眼睛的习惯，正视对方的眼睛，是在向对方说明，你所讲的我是懂的，你对于我不是居高临下，而是平等的，我对你并没有什么惧怕心理，我有信心赢得你的敬重。

　　笑能给人增添信心，表明"我有信心，我是一定能行的"。你需要的是自信而不是优雅，要放声地笑，不要笑不露齿。

　　有的人会因自卑产生相当强烈的反抗心理，急于改变自卑的地位，不顾他人的利益，极端的自私，形成专注于自我的狂热的"优越情结"。要认识到，自信有三种类型：对自己能力的信任、对自己能力不足的信任和对自己潜在能力的信任。相信自己有本领去做事，从而心安理得、心平气和有自信；相信自己没本事，而不去做事，不做仍然心安理得，也是自信。明知不可为而为之，是勇气的表现；明知不可为，不理会别人的责难，坚决不为，不仅是一种勇气，更是一种智慧的体现。

　　当然，自信绝不是盲目地固执己见，它是建立在自己具有深刻的洞察力的基础之上的。培养起自己对事业的必胜信念，并非意味着成功便唾手可得。自信不是空洞的信念，它是以学识、修养、勤奋为基础的，缺乏自信则是以无知为前提的。要使自信不坠于想入非非，还必须伴之以勤奋。

心理测验十一：自信心

坚定的自信，便是成功最大的源泉。不论才能大小，天赋高低，成功都取决于坚定的自信心。一个人的成就，决不会超出他自信所能达到的高度。如果有坚定的自信，即使平凡的人，也能做出惊人的事业来。缺乏自信的人即使有出众的才干、极高的天赋、高尚的性格，也很难成就伟大的事业。

下面的测试可以使你了解自己的自信心有多少。

1. 即使你下了决心，一旦没有人赞同，你就不会坚持做到底。
2. 参加晚宴时，即使很想上洗手间，你也会忍着直到宴会结束。
3. 如果想买性感内衣，你会尽量邮购，而不亲自到店里去。
4. 你从不认为你是个绝佳的情人。
5. 即使店员的服务态度不好，你也不会告诉他们的经理。
6. 你不常欣赏自己的照片。
7. 别人批评你，你会觉得难过
8. 你很少对人说出你真正的意见。
9. 对别人的赞美，你总是持怀疑的态度。
10. 你总是觉得自己不如别人。
11. 你对自己的外表不满意。
12. 你认为自己的能力比别人差。

第四章　心有所想，事有所成

13. 在聚会上，只有你一个人穿得不正式，你会感到不自在。
14. 你不觉得自己是个受欢迎的人。
15. 你不认为自己很有魅力。
16. 你感觉自己没有幽默感。
17. 目前的工作不是你的专长。
18. 你不懂得搭配衣服。
19. 危急时，你会很慌张。
20. 你很难与别人合作无间。
21. 你认为自己只是个寻常人。
22. 你经常希望自己长得像某人。
23. 你经常羡慕别人的成就。
24. 你为了不使他人难过，而放弃自己喜欢做的事。
25. 你会为了讨好别人而打扮。
26. 你勉强自己做许多不愿意做的事。
27. 你任由他人来支配你的生活。
28. 你认为你的优点比缺点多。
29. 即使在不是你错的情况下，你也会经常跟别人说抱歉。
30. 如果在非故意的情况下伤害了别人的内心，你会难过。
31. 你希望自己具备更多的才能和天赋。
32. 你经常听取别人的意见。
33. 在聚会上，你经常等别人先跟你打招呼。
34. 你每天照镜子不超过三次。
35. 你的个性不是很强。
36. 你并不是个优秀的领导者。

37. 你的记忆力很差。

38. 你对异性缺乏吸引力。

39. 你不懂得理财。

40. 买衣服前，你通常先听取别人的意见。

回答"是"得0分，"否"得1分。

将所有分数相加。如果你的总分数是25～40分，说明你对自己信心十足，明白自己的优点，同时也清楚自己的缺点。不过，在此真诚告诫：如果你的得分接近40分的话，别人可能会认为你自大狂傲，甚至气焰嚣张。你不妨在别人面前谦虚一点，这样人缘才会好。

如果你的总分数是12～24分，说明你对自己颇有自信，但是你仍旧或多或少缺乏安全感，对自己产生怀疑。你不妨提醒自己，在优点和长处各方面并不输于人，特别强调自己的才能和成就。

如果你的总分数是11分以下，显然说明你对自己不太有信心。你过于谦虚和自我压抑，因此经常受人支配。从现在起，尽量不要去想自己的弱点，多往好的一面去衡量；先学会看重自己，别人才会真正看重你。

如果你想进行自我改造、自我管理，进行某方面的修养，你就应首先了解自己，认识自己，根据自身的条件和实际的可能，使自己的长处得到发挥。这样，你就会感到自己并不比别人差，你有不及别人的地方，别人同样有不及你的地方。自信心便会由此产生并不断增强。

第四章　心有所想，事有所成

缺陷不是成功的障碍

美国总统罗斯福8岁时，身体虚弱到了极点，呆钝的目光，露着惊讶的神色，牙齿暴露唇外，不时地喘息着。在课堂上回答老师的提问时，嘴唇微张，吐音含糊而不连贯，生气全无，简直就是低能儿童的典型。世界上像他一样的儿童不知有多少，大都是这样的神经过敏，如果稍受刺激，情绪便受影响，处处恐惧畏缩，不喜欢交际，顾影自怜，毫无生趣。但罗斯福并不如此，他虽有在别人看来很严重的缺陷，同时他也有奋斗的精神，他始终保持人定胜天的信心，成功地克服了自己存在的缺陷。

生理上的不足所引起消极的自我暗示也是导致自卑的一个重要原因。由于先天或后天的原因，有些人常因个子矮、过胖、五官不正、身体有残疾、缺陷等抑制了自己天性的发挥，于是感到精神压力重重，常担心自己的缺陷被人耻笑，因此而离群索居，不敢主动与人交往或接受友谊。

每个人的身体都不是完美无瑕的，都存在或大或小的缺陷。自身的缺陷往往是你无法改变的事实，任何企图掩盖或回避缺陷的做法都可能导致消极的结果。敢于直视缺陷，并把它当作是奋斗的动力，即使是你自身有天大的缺陷，也无法阻挡你获得成功。

罗斯福是怎样去克服缺陷的呢？他面对缺陷的态度是积极的，而不是消极的，他没有静等幸运之神的到来，而是努力追求幸运。他毫不自馁于天赋的贫薄，反而将其变作通往成功道路的基石。他绝不怨恨先天的缺陷，而深感愁苦，更不姑息他身体的虚弱，也不是消极地仅仅是依靠喝药水，受注射，或避居山林，遨游海上，以恢复他的健康，而是采取积极的锻炼，以达到他的目的，他要和健康的孩子一样，活泼自由地去骑马、划船和做剧烈的运动。罗斯福用坚毅的态度，对付他畏怯的天性，用忍耐的精神，克服他先天的缺陷。他处处以快乐和蔼对待人们，摒除怕羞、畏缩和不喜交际的个性。皇天不负有心人。在进入大学之前，罗斯福已获得极大的成功，成为一个人们乐于接近，精神饱满，体力充沛的青年了。他经常在假期中，到大草原去追逐野牛，到深山中狩猎巨熊，甚至到非洲大陆去袭击狮子。

【心理研究：跨栏定律】

生理心理学上的"跨栏定律"，是指患病器官并不如人们想象的那样糟，相反，在与疾病的抗争中，为了抵御病变，它们往往要比正常的器官机能强得多。

美国一位外科医生在解剖一个肾病患者的遗体时，发现死者患病的肾脏要比正常的大，另外一只肾脏也大得超乎寻常。在多年的医学解剖过程中，他不断地发现包括心脏、肺等几乎所有人体器官都存在着类似的情况。他认为患病器官因为和病毒作斗争而使器官的功能不断增强。如果有两只相同的器官，当其中一只器官坏死后，另一只就会努力承担起全部的责任，从而使健全的器官变得强壮起来。

他在给美术院校的学生治病时又发现了一个奇怪现象，这些学生的视力远不如平常人，有的学生甚至还是色盲。他觉得这就是病理现象在现实生活中的重复，他将自己的思维触觉扩展到更为广泛的层面。在对艺术院校教授的调研中，结果与他的预测完

第四章　心有所想，事有所成

全相同。一些颇有成就的教授之所以走上艺术之路，原来大都是受了生理缺陷的影响，缺陷不是阻止了他们，反而促进了他们的艺术道路。

自己的缺陷，如果自知其不能除去，不妨利用它作为个性的标志，好像商品的商标一样。有些时候，你的缺陷也可以成为你独特的标志。自身不能免除的缺陷，大可用为个性的标志。缺陷，你可以作为懒惰的护身符，以求别人的同情原谅，但也可以借此激励自己努力奋斗，克服困难。以一种什么样的态度这完全要靠你的意志来做决定。

成功人士不仅仅有刚毅的精神，不为天赋的缺陷所屈服，更会有自知之明，深知自己的缺陷，并不自以为聪明、勇敢、强健而稍事放任。他们能正确认识自己的缺陷，何者可以克服，何者应予利用。他们的经历告诉我们应充分认识自己的缺陷，建立自信。倘若不能辨明自己的缺点所在，而一意孤行，势必会成为被人所讪笑的愚人。

过犹不及的自我肯定

有个人总喜欢显示自己跑得快的本事。有一次，他家被盗，他连忙跑去追贼。没多久，他就超过了窃贼，但还一个劲儿地跑下去。有人问他跑得这样急干什么，他说追贼。又问他："窃贼往哪里跑了？"他得意地说："我早就超过他了，看，现在连他的影子也看不见了！"

任何心理上的极端状态都会给人的生活带来负面影响。适度的自信是一种理想的心理状态,而自信过度就会转化为自负。自负是由过度的自我意识造成的。过度的自我意识会造成幻想,也常使人产生错误的优越感。从这种错误的心理出发,表现出自以为是、刚愎自用的傲慢态度。文学家王尔德说:"人们把自己想得太伟大时,正足以显示本身的渺小。"自负心理就是盲目自大,过高地估计个人的能力,失去自知之明。

自负的人难免心高气傲,有的自视过高,总爱抬高自己贬低别人,把别人看得一无是处,总认为自己比别人强很多;有的固执己见,唯我独尊,总是将自己的观点强加于人,在明知别人正确时,也不愿意改变自己的态度或接受别人的观点。自负的人也很少关心别人,与他人关系疏远。他们经常从自己的利益出发,不太顾及别人。不求于人时,对人缺少热情,似乎人人都应为他服务,结果落得门庭冷落。

自负的人还有很强的嫉妒心理,因为自负大多时候是自尊心过分敏感的表现,所以这种人有很强的自尊心,看到别人取得了成就时,其嫉妒之心油然而生,极力去打击、排斥别人,并用"酸葡萄心理"来维持自己的心理平衡。当别人失败时,幸灾乐祸,不向别人提供任何有益信息。

【心理研究:自负心理】

心理学家通过调查发现,有四种人容易产生自负心理。

家庭教育是自负心理产生的第一根源。人的自我评价首先取决于周围的人对他们的看法,家庭则是他们自我评价的第一参考系。父母宠爱、夸赞、表扬,会使他们觉得自己"相当了不起"。

第四章　心有所想，事有所成

人的认识来源于经验，生活中遭受过许多挫折和打击的人，很少有自负的心理，而生活中的一帆风顺，则很容易养成自负的性格。

生活中常有些人缺乏自知之明，缩小自己的短处，又把自己的长处看得十分突出，对自己的能力评价过高，对别人的能力评价过低，自然就产生了自负心理。这种人往往好大喜功，取得一点小小的成绩就认为自己了不起，成功时完全归因于自己的主观努力，失败时则完全归咎于客观条件的不利，过分的自恋和自我中心。

还有一些人的自尊心特别强烈，为了保护自尊心，在挫折面前，常常会产生两种既相反又相通的自我保护心理。一种是自卑心理，通过自我隔绝，避免自尊心的进一步受损；另一种就是自负心理，通过自我放大，获得自卑不足的补偿。

自负者的致命弱点是不愿意改变自己的态度或接受别人的观点，接受批评即是针对这一特点提出的方法。它并不是让自负者完全服从于他人，只是要求他们能够接受别人的正确观点，通过接受别人的批评，改变过去固执己见、唯我独尊的形象。

自负者视自己为主宰，无论在观念上还是行动上都无理地要求别人服从自己。平等相处就是要求自负者以一个普通社会成员的身份与别人平等交往。一个人想让别人怎样来对待自己，就要怎样去对待别人。

老子曾说过"良贾深藏若虚，君子盛德若愚"，意思是说，好的商人总是隐藏其宝物，君子品德高尚，而外貌却显得愚笨。这句话告诉人们，必要时要藏其锋芒，收敛锐气，为人谦虚一些好。

超越自我的人生心理学

在心理交往的世界里，那些谦让而豁达的人总能赢得更多的朋友。反之，那些妄自尊大，自负高傲的人必然会引起别人的反感，最终在交往中使自己走到孤立无援的地步。

没有一个人能够有永远骄傲的资本，因为任何一个人，即使他在某一方面的造诣很深，也不能够说他已经彻底精通，彻底研究全了。所以，谁也不能够认为自己已经达到了最高境界而停步不前、趾高气扬。如果是那样的话，则必将很快被同行赶上、很快被后人超过。

像爱因斯坦那样的科学家，是完全有自负的资本的，但他却没有这么做，所以才成了学问与人格都值得人们景仰的大师。在现实生活中，过于自负的人只会招致周围人的反感，人们也不会去景仰这样的人。所以，当一个人正为自负所困扰的时候，可以采用以下方法试着对自负心理积极地进行矫正。

既然自负心理是自我认识的错误，那么就要全面地认识自我，既要看到自己的优点和长处，又要看到自己的缺点和不足，不可一叶障目，不见泰山，抓住一点不放，未免失之偏颇。认识自我不能孤立地去评价，应该放在社会中去考察，每个人生活在世上都有自己的独到之处，都有他人所不及的地方，同时又有不如人的地方，与人比较不能总拿自己的长处去比别人的不足，把别人看得一无是处。

要以发展的眼光看待自负。既要看到自己的过去，又要看到自己的现在和将来。"好汉不提当年勇"，辉煌的过去可能标志着一个人过去是个英雄，但它并不代表着现在，更不预示着将来。

第四章　心有所想，事有所成

心理测验十二：自负心理

美国哲学家、科学家富兰克林说过："自负是一个人要除掉的恶习。"自卑、自信与自负是一个动态的心理状态，任何外界环境因素的影响都会改变一个人的自我意识。你的信心指数是多少？是不是恰好处在适当的位置呢？下面这个测验可以告诉你答案。

1. 一旦你下了决心，即使没有人赞同，你仍然会坚持做到底；
2. 参加晚宴时，如果很想上洗手间，你绝对不会忍着直到宴会结束；
3. 你认为你是个绝佳的情人；
4. 如果店员的服务态度不好，你就会告诉他们的经理；
5. 你经常欣赏自己的照片；
6. 别人批评你的时候，你不会觉得很难过；
7. 你会对人说出你真正的意见；
8. 对别人的赞美，你从来不会持怀疑的态度；
9. 你从来不觉得自己比别人差；
10. 你对自己的外表很满意；
11. 你认为自己的能力比别人强；
12. 在聚会上，即使只有你一个人穿得不讲究，你也不会感到不自在；
13. 你认为自己很有魅力；
14. 你有幽默感；
15. 目前的工作是你的专长；

16. 你懂得搭配衣服；

17. 危急时刻，你会表现得很冷静；

18. 你与别人合作无间；

19. 你认为自己只是个寻常人；

20. 你从没有希望自己长得像另一个人；

21. 你不会羡慕别人的成就；

22. 你不会为了不使他人难过，而放弃自己喜欢做的事；

23. 你不会为了讨好别人而打扮；

24. 你不会勉强自己做许多不愿意做的事；

25. 你不会任由他人来支配你的生活；

26. 你不认为你的优点比缺点多；

27. 如果不是你的错，你就不会跟人说抱歉；

28. 如果在非故意的情况下伤害了别人的感情，你不会感到抱歉；

29. 你并不希望自己具备更多的才能和天赋；

30. 你不会经常听取别人的意见吗；

31. 在聚会上，你总是先跟别人打招呼；

32. 你每天照镜子不超过三次；

33. 你的个性很强；

34. 你认为自己是个古板的领导者；

35. 你的记忆力很好；

36. 你对异性有吸引力；

37. 你懂得理财；

38. 买衣服前，你通常先听取别人的意见。

第四章　心有所想，事有所成

选择"是"得1分，选择"否"不得分。

分数在11分以下，说明你对自己显然不太有信心。你过于谦虚和自我压抑，因此经常受人支配。从现在起，尽量不要去想自己的弱点，多往好的一面去衡量，先学会看重自己，别人才会真正看重你。

分数为12～24分，说明你对自己颇有自信，但是你仍或多或少缺乏安全感，对自己产生怀疑。你不妨提醒自己，在优点和长处各方面并不比别人差，要坚持强调自己的才能和成就。

如果分数在25分以上，说明你对自己信心十足，明白自己的优点，同时也清楚自己的缺点。但是如果你的得分过高，那就会陷入自负的误区，别人可能会认为你很自大骄傲，甚至气焰太盛。你也可能会昏头昏脑地掉入失败的陷阱之中。

全局考虑最高效

曾经有个驯兽师，他听说从未有人看见大象倒退走，大家都认为大象只会往前走，不可能倒退走。于是这只驯兽师就决定要向这个"不可能"挑战，他要训练一只会倒退的大象。他不断辛勤地训练，经过多年的努力，终于成功了。

观众从四面八方涌来，因为宣传和广告都保证将令观众大开眼界。场子正中央，站着那位驯兽师，正在口沫横飞地说明大象倒退走的奇观。成千的观众则面面相觑，一脸的迷惑，每个人的表情都仿佛在说："那又怎么样？"

驯兽师完成了一件壮举，却忽略了这件壮举其实没有什么用处。

所有人都想功成名就,所有人都想轰轰烈烈干一番惊天动地的大事业。可是这世界上能干事的人不少,成大业的却不多,究其原因,方方面面,主客观因素都有。比如要有良好的社会背景,有新机遇,也要有智商、有文化、有修养等。很多人对待事业总是抱着急功近利的心态,最后导致了失败。

要知道,车子是由各个部件按一定规律构成的,没有各个部件,当然无法构成一部车子,但各个部件按一定关系组合起来后所能发挥的"车"的作用,却不是各个部件自身所能比拟的。菜肴的美味是由各种调味品按不同比例组合而得到的,单独的某一种调料是构不成美味的。类似整体大于局部之和的观点,在格式塔心理学中有详细的描述。

【心理研究:格式塔心理学】

格式塔心理学,又称完形心理学,是德国心理学家韦特默、苛勒和考夫卡1912年在法兰克福大学实验室创立的。格式塔心理学主张心理学应该研究"完形",就是心理现象所展现的是外界事物之间的关系或事物的整体形象。

1918年,苛勒做了一个小鸡视觉辨别实验:分别用两张纸盖住谷子,一张是较暗的深灰色,另一张是较亮的浅灰色。小鸡啄浅灰色纸下的谷子,就让它吃;啄深灰色纸,就不让它吃。做了400~600次,深浅纸常常换位。最后小鸡学会拣浅灰色纸啄。此后再把浅灰色纸换为比该颜色还浅的纸,结果,小鸡不是啄原来那张浅灰色纸,而是啄新的更浅灰色的纸。苛勒认为小鸡不是

第四章　心有所想，事有所成

对特殊刺激（最初的浅灰色纸）做出反应，而是对整个情景下物体之间的相对关系（一张纸比另一张纸浅）做出反应。

只考虑局部不考虑整体，只考虑眼前而不考虑未来，这是许多人在做出一项决定时很容易犯的一种短视性的错误。结果必定是没得到快乐却得到痛苦。任何一个人若想成功，那就必须忍受一时的痛苦，必须熬过眼前的恐怖和引诱，按照自己的价值观或标准把目光放在未来。

具体到关于个体思维方式上的全局性和局部性，很多时候是一个人的风格或者习惯问题。一些人不是很喜欢太细致的观察事务，觉得这样做缺乏意义，但是那些拥有全局性特点的人，能看到生活中的可能和机会，以优美壮观的方式来追求。他们具有宏观视野，使他们在生活中看到的是森林而不是树木，这种视野赋予他们广阔的感知，使他们能绕过沿途的许多羁绊而达到伟大的成就。

尤其是面对困境所作的决定或所采取的行动，有时候只能应付眼前的状况，然而要想成功，就必须把眼光放远。成功和失败都不是一夜造成的，而是一步一步积累由量变到质变的结果。决定给自己制定更高的追求目标、决定掌握自我而不受控于环境、决定把眼光放远、决定采取何种行动、决定继续坚持下去，把这每一项决定都做好你便能成功，做得不好你便会失败。把你的目光放远大些，没有哪个人或企业是因为短视而成功的。

所以，要成就大业，就得分清轻重缓急，大小远近，该舍就得忍痛割爱，该忍就得从长计议，从而实现理想宏愿，成就大事，创建大业。

所谓"忍小谋大"就是要站得高，看得远，不为眼前的小是小非缠住手脚，排除各种干扰，创造条件奔向大目标、大事业。"忍小谋大"就是不计一时一事的得失，忍住急功近利的念头，一切都为实现大目标、成就大事业铺平道路。"忍小谋大"，还要从思想上摆正大与小的辩证关系，不因小失大，不因大而丧失信心，放弃眼前的努力。长远目标与短期行为，大事业与小功利，国家、民族大计与个人的七情六欲等关系都要处理得当，这样才不至于"小不忍则乱大谋"了。

心理测验十三：大局观

有大局观的人往往会很讨厌把注意力集中到点上面，也可以说这是一个能力问题，但是更多的是一种厌恶和倾向性。你的全局规划能力如何？下面的测试可以帮助你了解自己。

1. 我喜欢处理具体问题，而不是抽象问题。

2. 在讨论一个主题的时候，我认为细节和事实比完整的描述更重要。

3. 我喜欢处理单一的、具体的问题，而不是复杂的、笼统的问题。

4. 我喜欢记忆没有任何特定情景的事实和信息，比如背诵圆周率。

5. 我喜欢收集与工作有关的详细的、具体的信息。

6. 我喜欢需要注意细节的问题。

7. 我更重视一项工作中每一部分的具体情况，而不是它的整

第四章 心有所想，事有所成

体效果。

8. 完成任务时，我喜欢看一看我所做的是怎样与全局相吻合的。

9. 我很少注意细节。

10. 在用书面形式表达思想时，我喜欢表达出自己思想的范围以及前后的联系。

11. 我喜欢从事总体性的工作，而不喜欢注重细节的工作。

12. 对于一项必须完成的任务，我更关心最后的结果而不是过程的细节。

13. 我倾向于将一个问题分解为比较容易解决的若干小问题。

14. 我喜欢面对针对普遍问题而不是具体问题的情景。

15. 我倾向于重视一个问题的总体情况或一项工作的整体效果。

16. 我喜欢那些不必关心细节的情景或任务。

计分表：

	非常符合	有些符合	无法确定	不太符合	不符合
1~8题	1	2	3	4	5
9~16题	5	4	3	2	1

总分在40分以下，你更重视微小的细节，鲜明地表现出分析的、分别的、个体化的、理性的、自我中心的特征，总是滔滔不绝地，倾向于把自己的条分缕析、剖析分明的意志强加于他人身上。

总分在40~52分之间，你的全局分析能力一般，反过来说，重视细节的倾向也不强烈。

总分在 52 分以上，你的全局分析能力很强，思维方式倾向于整体的、综合的、直观的、感性的，能够寓抽象概念于具体事物之中，并赋予抽象观念以生动直观的形象，精神上是个体化的，社会上则是群体化的。人们时常会觉得你是沉默高深的，能够给出一种具有完整性整体性的形象的直观的东西，让别人自己去感受。

时间是无尽而有限的资源

在一间书店里，一位犹豫了将近一个小时的男子终于开口问店员了："这本书多少钱？"

"1 美元。"店员回答。

"1 美元？"这人又问，"你能不能便宜点儿？"

"它的价格就是 1 美元。"

这位男子又看了一会儿，然后问："你们的老板约翰先生在吗？"

"在，"店员回答，"他在印刷室忙着呢。"

这个人坚持要见约翰。于是，约翰就被找来。这人问："约翰先生，这本书你能出的最低价格是多少？"

"1 美元 25 分。"约翰不假思索地回答。

"1 美元 25 分？你的店员刚才还说 1 美元一本呢。"

"这没错，但是，我情愿倒找给你 1 美元也不愿意离开我的工作。"

这位男子十分惊异，他心想，算了，结束这场由自己引起的

第四章　心有所想，事有所成

争论吧。他说："好吧，这样，你说这本书最少要多少钱吧。"

"1美元50分。"

"又变成1美元50分？你刚才不是说1美元25分吗？"

"对。"约翰说，"我现在能出的价钱就是1美元50分。"

这个男子默默地把钱放在柜台上，拿起书出去了。约翰给这个男子上了终生难忘的一课：对于有志者来说，时间就是金钱。

哲学家伏尔泰曾经问：世界上哪样东西是最长的又是最短的，是最快的又是最慢的，是最能分割的又是最广大的，是最不受重视的又是最令人惋惜的；没有它，什么事情都做不成；它使一切渺小的东西归于消失，使一切伟大的东西生命不绝。答案就是"时间"。

人们大多都只担心财物的损失，却不担心岁月一去不复返的损失。失去时间就如同失去生命。每天都是很重要的一天。不管打算怎么过，自己的生命又少了一天。

时间比任何商品都昂贵，因为它是"有限的"，你无法创造，也无法花钱买到，只有不断减少和失去。因此，如何利用有限的时间，就决定了自己的生命是否丰富和有价值。浪费时间在没有多大意义的事情上有什么意义呢？若能把这些时间都拿来做更有价值的事，不是更有价值吗？所以，人们应该学会把时间投资在真正重要的事情上。

如果人的一生以80岁来计算，那么大约有29000多天，合70多万小时。可这只是"账面时间"，而不是能用的"实际时间"，可供实际使用的时间远没有这么多。

比方说一个人22岁大学毕业参加工作，60岁退休，那么他用

超越自我的人生心理学

于工作的时间将至多不超过38年。虽说退休后也可以继续工作，但毕竟人的生理条件有限，此时精力已大不如前了，想要出大成果是难上加难。在38年中，若每天8小时用于睡眠，8小时用于吃喝拉撒等事情，那么，剩下的工作时间仅8小时。这样一来，一生中工作的时间只有不到13年。除去周末和节假日总计5年左右，实际工作时间不过11年而已。如果再除去浪费于吹牛、聊天等一些无聊的事情中的时间，那么所剩下的时间就少得可怜了。

人获得最平常的资产也许就是时间。对时间的不同运用，往往会使人生变得不同。更有人通过合理的方法，同时做两三件事情，等于凭空多出了一两倍的时间。许多成功的企业家习惯在吃饭时打开电视、摊开报纸，这样可以同时使用耳朵听电视、用眼睛看报纸、用手来吃饭。当然，一开始试着这样做时，可能会有些力不从心。而把三件事同时做好的秘诀，是做瞬时性的意识变化，也就是3~5秒的精神集中于吃饭，再分别用5秒钟集中于看报和看电视，如此则有可能使三种行为同时协调地进行。一旦养成了习惯，这些就会在不知不觉中进行。

【心理研究：一心二用】

协同处理是指同时处理几件事情，这在心理学上是可能的。因为人的大脑分为不同的信息处理区域，所以就可以同时处理不同的工作。虽然有人主张"一心不可二用"，但不可否认的是，同时做几件事的人，他们的脑筋的确转动得很快，办事效率也更高，无形中节约了大量的时间。

心理学家还特别强调对右脑的开发。人的左脑主管逻辑推理、

第四章　心有所想，事有所成

判断、语言等，右脑负责处理图像、情感、节奏、音乐等创造性活动。左脑不断地接受限制性的信念、程式化的思维模式、僵化的思想观念，而右脑却长期处于"待业"状态。由于左脑的"训练"和"感受"，人们逐渐成为一个"半脑人"。只要能整合左右脑的优势，让它们有效地合作，达到完美的"全脑运作"状态，就能激发无穷的潜能。

无论是专心于一件事还是同时作几件事，合理的安排都是必要的。正如大文豪歌德所说：假如我们能用对时间，我们有的是时间。紧急的事不一定重要，重要的不一定紧急。不幸的是，我们许多人把我们的一生花费在较紧急的事上，而忽视了不那么紧急但比较重要的事情。当你面前摆着一堆问题时，应问问自己，哪一些真正重要，把它们作为最优先处理的问题。如果你听任自己让紧急的事情左右，你的生活中就会充满危机。

首先要确定每天的目标，养成把每天要做的工作排列出来的习惯。把明天要做的最重要事，按其重要性大小编号。明天上午头一件事是考虑第一项，先做起来，直至完毕，再做第二项。如此下去，如果没有全部做完，不要于心不安，因为照此办法完不了，那么用其他办法也是做不到的。如果你把最重要的任务安排在一天里你干事最有效率的时间去做，你就能花较少的力气，做完较多的工作。

求人不如求己

有个人遇到了难题，无法解决，就到庙里去拜观音，希望救

超越自我的人生心理学

苦救难的观世音菩萨能够帮助他渡过难关。他到庙里一看，还有另外一个人也在拜观音，他越看越觉得那个人的面目好像莲花宝座上的观世音菩萨，就问那个人：你是谁？

那人说：我是观音菩萨。

他又问：你来这里干什么？

观音菩萨说：我遇到了难题，化解不开。

他不解地问：那你拜自己有什么用呢？

观音菩萨说：求人不如求己啊！

那人恍然大悟，掉头而去。

成大事者的身上具有许多种优良品质——勇敢、忠诚、创新、进取，独立也是这些品格中不可或缺的成员之一。如果一个依赖于他人的人也会获得成功的话，恐怕20世纪的历史上就不会有很多民族为独立而战了。没有独立做前提，成功也许只是个假设。独立性格是成功者的必备条件。历史证明，现实生活也是这样。独立习惯的养成，对一个人的事业、未来、人生都有莫大的好处，所以一个人若想成就事业，这是不可缺少的一个条件。

从不同的角度来看，过于依赖别人，或轻易接受别人表面的话，是很危险的。依靠别人来解决你的问题当然容易多了，无论发生何事，有个人可以商量总觉得内心安定些。如果再进一步，别人愿意负完全的责任，自己更是完全松懈下来，于是这种人便容易成为一个无法独立的弱者。

你不妨扪心自问，自己在儿童时是不是完全依赖你的父母；在学校时功课是不是总是老师或同学帮忙；在办公时是否总是揪别人来做，是否平时总没有机会自己独立行动。如果是这样，那

第四章　心有所想，事有所成

你一定就是太依赖别人了，应当趁早摆脱这种依赖性，发展独立的能力。

有一句美国谚语说："通往失败的路上，处处是错失了的机会。坐待幸运从前门进来的人，往往忽略了幸运也会从后窗进来。"成功不会落在守株待兔者的头上，只有敢于冲锋，主动进攻的人，才能抓住胜利的时机。

【心理研究：依赖性】

"依赖需要"是一种儿童期的心理需求。因为儿童在生理上十分弱小，需依赖成人才能生存下去。但是如果"依赖需要"在成年期仍表现得非常明显，就是一种心理幼稚或者退行的表现。

依赖者会形成一些特有的症状，他们缺乏社会安全感，跟别人保持距离。他们需要别人提供意见，或依赖媒体的报道，经常受外界指使，自己好像没有判断能力。他们潜藏着脆弱，没有发展出机智应变的能力。依赖使一个人失去精神生活的独立自主性。依赖性强的人不能独立思考，缺乏创业的勇气，其肯定性较差，会陷入犹疑不决的困境，他一直需要别人的鼓励和支持，借助别人的扶助和判断。依赖者还会表现出剥削的性格倾向——好吃懒做，坐享其成。

依赖是摧毁自信的最直接的心理误区。自信，其实最简单的含义就是相信自己。只有相信自己才能算是自信。这虽然表面上如废话一般，但是却是朴素的真理。自信心强的人遇到问题都是先求己，不求人。同样，若是遇到问题不忙于求人，自己先设法解决问题，久而久之，不就可以增强自信吗？所以，最重要的是，每个人都要明白"求人不如求己"这个道理。

如果你要做一个成功的人,那你应该是个品格独立的人,首先你应该学会对自己负责。

当你陷入困境遭遇孤独的时候,如果仅仅太抱怨社会冷漠,别人自私,这只说明你对外界的依赖性太强,你太脆弱。我们生活在芸芸众生之中,当我们遭遇逆境的时候,我们首先应该学会依靠自己。我并不是教你单打独斗,更不是教你万事不求人,而是想告诉你:在这个世界上每个人都在忙自己的事,每个人都有自己的麻烦。别人没理由更没有义务非要帮你不可。社会不是家庭,社会不是妈妈,社会不是充满爱而是充满竞争。

当你陷入困境的时候,你只有具备充分的能力,并学会了对自己负责,你才有可能得到更多别人的帮助和关心。也只有到了那个时候,你才能更多地体会到社会上善的一面、美好的一面、而不是仅仅看到它的冷漠和自私。

天助自助者,便是这样一个道理。在社会生活中,每一个人都是思想上的独立者。青年人在学业上更应该有这种独立的习惯。你们应该有自己的观点,无论何时何地,也无论正在讲说此观点的人是何等有名气,何等有威望,只要是有疑问,就可以提出自己的观点与之讨论。这才会使你不断进步与壮大,从而更快成长。

心理测验十四:自主性

独立还是依赖,这是衡量一个人个性心理特征的一对重要标

第四章 心有所想，事有所成

尺，独立性强的人自己作出判断，独立完成自己的工作；而依赖性强的人则处处附和众议，甚至为了取得别人的好感放弃个人的主见。下面一组测试，可帮助你了解你的内心。

1. 在工作中，你愿意——

A. 自己单独进行。

B. 不确定。

C. 和别人合作。

2. 在接受困难任务时，你总是——

A. 有独立完成的信心。

B. 不确定。

C. 希望有别人的帮助和指导。

3. 你希望把你的家庭设计成——

A. 拥有其自身活动和娱乐的自己世界。

B. 介于A、C之间。

C. 邻里朋友交往活动的一部分。

4. 你解决问题，多借助于——

A. 个人独立思考

B. 介于A、C之间

C. 和别人展开讨论

5. 你青春年少时，和异性朋友的交往——

A. 比别人少

B. 介于A、C之间

C. 比较多

6. 在社团活动中你是一个活跃分子。

超越自我的人生心理学

A. 不是的

B. 介于 A、C 之间

C. 是的

7. 当人们指责你古怪不正常时，你——

A. 无所谓

B. 有些生气

C. 非常气恼

8. 到一个新城市找地址，你一般是——

A. 自己看地图

B. 介于 A、C 之间

C. 向人问路

9. 在工作中，你喜欢独自筹划而不愿受人干涉。

A. 是的

B. 介于 A、C 之间

C. 不是的

10. 你的学习多依赖于——

A. 阅读书刊

B. 介于 A、C 之间

C. 参加集体讨论

选 A 得 2 分，选 B 得 1 分，选 C 不得分。

你的总分在 15 分以上，说明你自立自强，当机立断。通常能够自作主张，独立完成自己的工作计划，不依赖别人，也不受社会舆论的约束。同时，你无意控制和支配别人，不嫌弃人，但也无需别人的好感。

第四章　心有所想，事有所成

你的总分在 10～15 分之间，说明你能够在一般性的问题上自作主张，并能够独立完成，但对某些高难度的问题常常拿不定主意，需要他人的帮助。

如果你的得分在 10 分以下，说明你依赖，随群、附和。通常愿意与别人共同工作，而不愿独自做事。常常放弃个人主见，附和众议，以取得别人的好感。因为你需要团体的支持以维持自信心，你不是真正的乐群者。应多培养一些自己的自主性。

依赖性是很多人不能成大事的劣根所在，这种习惯是把希望都寄托在别人身上，而自己不舍得出一点力气。成大事者的习惯就是依靠自己，依赖别人是人们普遍存在的一种坏习惯。

面对困难要放声大笑

杰里是一家饭店的经理，他的心情总是很好。当有人问他近况如何时，他回答："我快乐无比。"有一天，他被持枪的歹徒抢劫，受了重伤。在医护人员把他推进急诊室后，他从他们的眼中读到了"这是个死人"。他知道自己需要采取一些行动。

正好有个护士大声问他有没有对什么东西过敏。他马上答："有"。

这时，所有的医生、护士都停下来等他说下去。他深深吸了一口气，然后大声吼道："子弹！"

在一片大笑声中，他又说道："请把我当活人来医，而不是死人。"

经过数个小时的手术，杰里终于活下来了。

超越自我的人生心理学

英国作家萨克雷说：生活是一面镜子，你对它笑，它就对你笑；你对它哭，它也对你哭。人生充满了选择，而生活的态度就是一切。你用什么样的态度对待你的人生，生活就会以什么样的态度来对待你，你消极，生活便会暗淡；你积极向上，生活就会给你许多快乐。

成大事者必须要在情绪低落的时候，能激发自己的积极心态，从而达到快乐。因此，快乐，需要正确的心态才能实现。人的一生中，难免会遇到各种各样的问题，总会遇到一些不称心的人，不如意的事，此时，应该以什么样的心态面对这一切呢？此时，如果你有快乐而又自信的好习惯，那么效果往往是出人意料的。

具有乐观、豁达性格的人，无论在什么时候，他们都感到光明、美丽和快乐的生活。他们眼睛里流露出来的光彩使整个世界都溢彩流光。在这种光彩之下，寒冷会变成温暖，痛苦会变成舒适。这种性格使智慧更加熠熠生辉，使美丽更加迷人灿烂。那种生性忧郁、悲观的人，永远看不到生活中的七彩阳光，春日的鲜花在他们的眼里也失去了娇艳，黎明的鸟鸣变成了令人烦躁的噪音，无限美好的蓝天、五彩纷呈的大地都像灰色的布幔。在他们眼里，创造仅仅是令人厌倦的、没有生命和没有灵魂的苍茫空白。

【心理研究：防御性悲观】

波士顿大学的心理学家肯特发现有时人们在面对挑战时，会故意抱悲观的态度，做好失败的准备。肯特称其为防御性的悲观态度。因为持有这种态度的人，预料自己会失败，所以即使真的失败了，也不会感到很沮丧。他们虽然抱着必败的心情应战，但

第四章　心有所想，事有所成

仍努力地做好准备，要是真的成功了，便会喜出望外。

肯特在测量大学生在入学时，是否抱有防御性的悲观态度。他发现抱有这种态度的人在早期的学业成绩上，并不比乐观的同学逊色，这是因为持防御性悲观态度的人在测验考试前，战战兢兢，全神贯注地防止失败发生。

可是要长期战战兢兢地备战，身体和精神上难免有所消耗。因此，保持防御性悲观态度的学生到大学四年级时，不但成绩退步了，身体和精神健康也开始出现问题。防御性的悲观态度虽能产生一时的效用，但不是长久之计。

当人们遭到挫折以后所产生的一种失落、无奈、困惑之感，对自己的未来失去信心，因而处于牢骚满腹的心理状况，于是老气横秋、怨天怨地、长吁短叹。这些本是一些力不从心的老年人的"专利"，却使血气方刚，本应开拓事业、享受生活美好时光的年轻人，也沾上了这个毛病，就会未老先衰，失去青春的活力，失去人生之乐趣。

怎样能够使自己变成一个真正快乐的人，可真是一门高深复杂的学问。单单叫你要快乐、叫你微笑是没有用的。假使你是个很不幸的人，假使你看不见你自己的前途，你对人类的善良美好失掉信心，你觉得自己很琐碎、卑微、无聊而又堕落，你可能笑，然而你笑出来的不是快乐，至少你的笑不能使人快乐。

大家知道，任何事物都有正反两个方面，有利必定也有弊，不存在十全十美的事物。乐观的人看着杯子里的半杯水会惊喜地说：哈，还有半杯水；悲观的人则会失望地说：唉，怎么只有半杯水了。对于半杯水这样一个事实，乐观的人是快乐的。当你被别人误解时，如果你总是对自己说"真讨厌，总被人曲解、欺负，找个机会报复一下"，那么，你的心情将无一刻轻松愉快了。不如换个角度，多想着别人友善待己的时候，并常常提醒自己，误解毕竟是次要的，人非圣贤，自己也非圣贤，哪能事事如意呢？多想想愉快的事，你就会变得快乐了。

在美国，已有研究员开始在小学设计课程，帮助有抑郁倾向的小孩子辨认哪些面对问题的思想方法比较悲观，并辅助他们使用较乐观的思想方法来面对生活经验。初步结果显示，经过12个星期，每星期1.5小时的训练后，这些小孩子的抑郁程度在两年内并没有上升。反之，另一群有抑郁倾向但没有接受训练的小孩子，却在两年内显著地变得更抑郁。

心理测验十五：乐观度

你是个乐观主义者或悲观主义者吗？你透过亮丽或灰暗的镜子来看待人生吗？请回答以下的问题。

1. 你打过赌吗？
2. 你曾梦想过赢了彩券或继承一笔大遗产吗？
3. 度假时，你曾经没预定旅馆就出门了吗？
4. 你觉得大部分的人都很诚实吗？
5. 对于新的计划，你总是非常热衷吗？
6. 当朋友表示一定奉还时，你会答应借钱给他吗？
7. 在一般情况下，你信任别人吗？
8. 每天早晨起床时，你会期待又是美好一天的开始吧？

第四章　心有所想，事有所成

9. 收到意外的来函或包裹时，你会特别开心吗？

10. 你会随心所欲地花钱，等花完以后再发愁吗？

11. 你对未来的 12 个月充满希望吗？

12. 如果半夜里听到有人敲门，你会以为那是坏消息，或有麻烦发生了吗？

13. 你随身带着安全别针或一条绳子，以防万一衣服或别的东西裂开了吗？

14. 出门的时候，你经常带着一把伞吗？

15. 你把收入的大部分用来买保险吗？

16. 度假时，把家门钥匙托朋友或邻居保管，你会将贵重物品事先锁起来吗？

17. 大家计划去野餐或烤肉时，如果下雨，你仍会照原定计划准备吗？

18. 如果有重要的约会，你会提早出门，以防塞车、抛锚或别的状况发生吗？

19. 如果医生叫你做一次身体检查，你会怀疑自己可能有病吗？

20. 上飞机前，你会买旅行保险吗？

1～11 题答"是"得 1 分，其余题目答"否"得 1 分。

如果你的分数在 7 分以下，说明你是个标准的悲观者，看人生总是看到不好的那一面。身为悲观者，唯一的好处是：由于你从来不往好处想，所以你也就很少失望。然而，以悲观的态度面对人生，却有太多的不利；你随时会担心失败，因此宁愿不去尝试新的事物，尤其当遇到困难时，你的悲观会让你觉得人生更灰暗、更无法接受。悲观会使人产生沮丧、困惑、恐惧、气愤和挫折的心理。解决这种状况的唯一办法,是以积极的态度来面对每一件事或每一个人,即使你偶尔仍会感到失望,但逐渐地,你会对人生增加信心,胜过原来消极态度带给你的影响。

如果你的分数在7～15分之间,说明你对人生的态度比较正常。不过,你仍然可以更进一步,只要你学会怎样以积极和乐观的态度来应付人生中无法避免的起伏情况。

如果你的分数在15分以上,那么你是个标准的乐观主义者。你看人生总是看到好的那一面,将失望和困难摆到旁边去。乐观,使人活得更有劲,不过,要记住,有时候过分乐观,也会造成你对事情掉以轻心,结果反而误事。

乐观是一种优良的心态。心理学家马丁·赛格曼创造了"乐观成功论",即具有乐观精神的人更容易获得成功。他曾对某公司新招收的5000名推销员进行乐观心态的测试。有几位员工在公司的常规知识测试中不及格,而在乐观素质测试中得了最高分。他称这几位是"超级乐观者"。经过跟踪调查,他们在第一年的推销量比那些"悲观者"多20%,第二年竟高出57%,自这以后,该公司即将"赛氏测试"作为招聘新员工的主要测试手段。

不要让心态随他人摇摆

父子俩赶着一头毛驴进城,儿子在前,父亲在后,半路上有人笑他们:"真笨,有驴子竟然不骑!"

父亲听了觉得有理,便叫儿子骑上驴,自己跟着走。走了不久,

第四章　心有所想，事有所成

又有年老的人议论："真是不孝的儿子，自己骑着驴让父亲走路！"

儿子于是下来走路，让父亲骑上驴。走了一会儿，又有年轻的母亲说："这个人真是狠心，自己骑驴，让孩子走路，不怕累着孩子？"父亲连忙叫儿子也骑上驴，心想这下总该没人议论了吧。谁知又有位骑士说："驴那么瘦，俩人骑在驴背上，不怕把它压死？"

最后父子俩把毛驴四只脚绑起来用棍子扛着。在经过一座桥时，这头毛驴因为不舒服，挣扎了一下，不小心掉到河里淹死了。

现实生活中，很多人过分在乎别人的看法，总是希望自己的行为能得到所有人的赞同。所以别人说什么，他就听什么。结果适得其反，不仅没有做到最好，反而把事情弄得一团糟。

使自己成功的条件，不仅是头脑聪明而已，还必须具有不在乎别人的那种定力，但这种定力并非人人都能做到。

有人以为坚持独立自主，似乎很难得到别人的赞许。这是一种错觉和误解，事实恰好相反。一个真正能够主宰自己的人只是不去为了迎合他人的观点与喜好而放弃自我价值、自我追求；只是在与人交往中不会为了博得他人的赞许而跟随他人的指挥棒转。如果一个人别人希望他怎么样，他就会怎么样，这是多么可怜、毫无价值的形象；如果一个人不能明确地阐明自己在生活中的思想和感觉，那就没什么人会与你坦诚相见，没什么人会真正地尊重你。因为失去了自我，也就失去了平等自由的人际关系和生活方式。实际上，最受赞许，最受欢迎的人恰恰是那些希望赞许而不是祈求赞许的人，是那些能以积极的心理态度表现美好的自我形象的人，是那些从不放弃独立自主权利的人。

总之，一个人习惯于接受别人的摆布，就会经常被迫去说话，去做事。这样的生活当然很累，也很乏味。

【心理研究：干扰的心理机制】

心理学家奥尔波特1924年发现，人们在从事比较复杂和困难的工作时，他人在场或参与会降低作业效率。其原因是此时他人的存在和参与往往会对参加者形成一种无形的压力，使他们的技能无法得到正常发挥。这种由于他人在场，对个人完成作业起抑制作用的现象，社会心理学家称其为"干扰"。干扰的大小与个体的个性特征有关，性格外向、善于交往的人不容易受群体成员的干扰，而性格内向、处事拘谨的人容易受群体成员的干扰。

有心理学家认为，他人在场和参与能增强人的内驱力，强烈的动机有利于促进简单操作的效率，而对推理、记忆、问题解决之类的复杂的思维操作则会构成严重干扰。也有心理学家认为，他人在场和参与所引起的竞争和评价，会使人紧张或涣散，进而对作业效率起干扰作用。

不在乎别人的反应与厚脸皮是有所不同的，两者的差异在于：不在意别人反应的人大都具有远见，明白自己的做法会产生何种成果，因此能不顾别人的反对意见。同样地，在生意方面，尤其是在谈判时，为了要获得胜利，我觉得必须不在乎别人的反应，如果具有正确的远见，依照信念去做，便自然会有别人摇撼不动的定力。

人们在乎别人的反应，很大程度上是因为害怕自己的错误被别人发现。其实人无完人，没有人会从不犯错，有时甚至还一错

第四章　心有所想，事有所成

再错。孔子说："过而不改，斯谓过矣。"意思是说：犯了一回错不算什么，错了不知悔改，才算真的错了。既然错误是不可避免的，那么可怕的并不是错误本身，而是怕知错而不肯改，错了也不悔过。

事实上，一个有勇气承认自己错误的人，他也可以获得某种程度的满足感，这不仅可以消除罪恶感和自我保护的气氛，而且有助于解决这项错误所制造的问题。卡耐基告诉我们，即使傻瓜也会为自己的错误辩护，但能承认自己错误的人，就会获得他人的尊重，而且令人有一种高贵诚信的感觉。

著名的诗人但丁在《神曲》中有这样一段描写：

但丁在古罗马著名诗人维吉尔的引导下，经历了九层地狱，正在朝着炼狱前行。突然有一个灵魂呼喊但丁，但丁回过头张望。

这时，维吉尔训斥道：你为什么要分散精力呢？为什么要放慢脚步呢？别人的窃窃私语与你有什么关系？走自己的路，让别人去说吧！要像一座傲然挺立的大树，不因暴风雨而弯腰。

健康地享受成功

石油大王约翰·洛克菲勒曾经创造了两项惊人的记录：一是成了当时全世界第一富豪，二是活到了98岁。其实年轻时的洛克菲勒因为操劳过度，精神紧张，已经到了精神崩溃的边缘。他的头发几乎都掉光了，肠胃、心脏都有病。

一次，他的货船遭遇了风暴。为了省下20美元，他没有给货船买保险。于是他像疯了一样冲向保险公司，想抢在保险公司

超越自我的人生心理学

看到天气报告之前办好保险手续。没想到手续办好，风暴也结束了，他的货船安然无恙，20美元保险费白费了。为了这区区20块钱，已经是百万富翁的洛克菲勒气得在床上躺了三天。

直到医生给他判了死刑，他才醒悟过来，摆脱了吝啬鬼的生活。他不再拼命工作，还把钱捐献给慈善事业。他不仅挽救了很多人，也挽救了他自己。

拥有健康并不等于拥有了一切，可是失去了健康却等于失去了一切。健康不是他人的施舍，健康是对生命的不懈追求。

人的身体的变化是一种生理规律，我们自身无法阻挡。但对于事业来讲，大部分人都是在四五十岁这一阶段取得成功，这恰好是人的身体由盛转衰的时期，那些平时注重身体保养与健身的人，这时可能会尝到了甜头，而那些只顾拼命，不管身体的人会吃到苦头。更令人悲哀的是，有的人可能正值事业的巅峰，却大病缠身。要是早知如此，他们平时一定会注意自己的身体。

如果想在人生的历程中获得胜利，首要的条件，就是能够以一副体强力健的身体，去向一切迎战。很少有人会彻底明白体力与事业的关系是何等重要，关系密切。人们的各种能力，特别是各种生理机能的充分发挥，人们的生命效率的增加，都有赖于体力的旺盛。

体力的旺盛与否，能够决定一个人的勇气和自信的有无，而勇气与自信，是做大事的必需条件。体力衰弱的人，多半是胆小、寡断和没有勇气的。

一个人有雄心大志，有自信，并且具有足够应付任何险境，抵挡任何事变的旺盛体力，那么他肯定能从那些烦闷、忧虑等各

第四章 心有所想，事有所成

种精神束缚中得到解脱。旺盛的体力能够增强人各部分机能的力量，使其更有效率。强健的体魄，能够使人在事业上得心应手，得到体力上的帮助。

只要是有志成功、有志上进的人，都会爱惜、保护体力和精力，而不会使稍许精力浪费在不必要的地方；因为体力和精力的浪费，能够减少人获得成功的可能性。

【心理研究：情绪与身心健康】

美国耶鲁大学医学院报告，在所有门诊病人中，属于情绪紧张而患病的占76%。这些病人因为长期陷入某种不良情绪状态，对那种紧张的心情已经习以为常，往往把注意力集中于身体症状，而忽视了疾病与情绪的相关性。一位美国医生曾经调查了250位病人，发现他们在患病前都曾有过重大精神打击。就此，他得出结论："压抑的情绪容易生癌"。

俄国外科医生波罗戈曾经发现，在战场上，胜利者的伤口愈合比失败者的伤口愈合得好，并且愈合得快。良好的心情可以直接作用于人的脑垂体，保持身体内分泌功能的平衡，从而使全身各系统、各器官功能更加协调和健全。所以巴甫洛夫认为，忧愁、顾虑和悲观可以使人得病；而积极、愉快、坚强的意志和乐观的情绪不仅可以战胜疾病，还可以使人长寿。有人调查发现，几乎所有的长寿老人平时都非常愉快，并且长期生活在一个家庭关系亲密、感情融洽、精神上没有压力的环境中。

健康的维持取决于身体各部分的平衡，而"成功"取决于身体和精神两方面的平衡发展。因此，你要尽一切可能，以求得到

超越自我的人生心理学

身体上的平衡，身体上的平衡得到了以后，那么精神上的平衡往往就容易获得了。人们患病的部分原因，是因为身体各部分中的发展不平衡。

比如，对于某一部分的细胞不需要过度的刺激和活动；可是有些部分的细胞，却亟待刺激，活动欠缺。

有一个著名的英国医师曾经说过，人如果想长寿，必须除了睡眠时间外，让脑部不断地活动。每个人必须在职业或者工作以外找一种正当的嗜好。嗜好给他带来兴趣，能够使人在愉快的心情下，活动其精神。

身心不断地活动，是除病健身的好方法。要维持身心的健康，活动是必需的。人体中的各部分机能，如果没有经常活动，就无法保持健康。可见，工作中所有行动、过程都是生命中调节机制的结果。"空闲"最耽误事了，人们的犯罪行为，往往是在空闲的时候才发生的。一个在正当的事务上忙碌的人，他是相对安全的。他可以避免各种不良引诱和试探。

如何保持健康，其要领和法则很多，但一点可以肯定，只要你有心，就可以得到。很多人都是在年轻的时候用健康去换来金钱，到了年老的时候再用金钱去买健康。你应该清醒地认识到，不管从事什么样的职业，你都不应该为了金钱而牺牲你的健康。一个人脑力的充沛，完全取决于身体的健康，而一个身体健康的人，他的才干和效能，会超过十个体弱者的才干和效能。

第五章　选择与放弃的艺术

一个青年非常羡慕一位富翁取得的成就，于是他跑到富翁那里询问成功的诀窍。

富翁弄清楚了青年的来意后，什么也没有说，转身拿来了一只大西瓜，切成了大小不等的3块。

"如果每块西瓜代表一定程度的利益，你会如何选择呢？"富翁一边说，一边把西瓜放在青年面前。

"当然是最大的那块！"青年毫不犹豫地回答，眼睛盯着最大的那块。

富翁笑了笑："那好，请用吧！"

富翁把最大的那块西瓜递给青年，自己却吃起了最小的那块。青年还在享用最大的那一块的时候，富翁已经吃完了最小的那一块。接着，富翁拿起剩下的一块。那块最小的和最后一块加起来要比最大的那一块大得多。

人生之所以有成功与否的区别，是因为世界上的资源都是有限的，有的人得到的多，有的人得到的少。但是，人使用、消耗的资源也是有限的。正如俗话所说的：白天只吃三顿饭，夜晚只睡一张床。

在这两种有限性的制约下，如何安排一种有质量的生活，是成功心理学研究的重要课题。要想成功，就要学会放弃，不放弃眼前的、微小的利益，就不能取得长远的、庞大的利益。认真地选择，坚决地舍弃，才是成功之道。

鱼与熊掌不可兼得

一头饥饿的驴站在两垛干草中间。它决定去吃左边那一垛，可是感觉右边干草更好些；走到右边，又发现左边的更多些。就这样，驴在吃哪垛干草的问题上犹豫不决，最后饿死了。

一个人脑海中如果有多种动机同时出现、不同目的同时存在，必然会处于矛盾状态当中，并随之引发心理冲突，使人左右为难，陷入两难境地，称为心理冲突。

心理冲突使人处在短暂的犹豫，迷茫状态是不足为奇的正常现象，但是如果长时间优柔寡断、举棋不定，反复进行过多复杂的思想斗争，则是意志薄弱的表现。不过，意志活动中的内心冲突迟早会引向决策，即下决心做出某种选择。要从多种可供抉择的方案中出相对正确、合理的决断，需要知识、能力与良好的方法。

【心理研究：心理冲突】

常见的心理冲突有四种。

接近－接近型冲突，也称双趋冲突，当两种或两种以上目标同时吸引自己却又无法兼得，只能选取其中之一时，往往会出现接近－接近型冲突。

回避－回避型冲突。当两种或两种以上目标都是自己力图回

第五章　选择与放弃的艺术

避的，却又无法兼弃，必须选取其中之一，在舍弃哪一目标的问题上，就会产生回避－回避型冲突。

接近－回避型冲突。这类心理冲突是指，一个目标本身对自己有吸引力，但达到该目标的途径却不满意，于是，在舍取该目标时，就会陷入接近－回避型冲突之中。

多重接近－回避型冲突。该类冲突是指，面对两个或两个以上目标，而每个目标又同时具有吸引力和排斥作用，这时就不能简单选择一个目标或回避另一目标，而应考虑多种目标中的正负效应。这种由多重选择引起的心理冲突，即为多重接受－回避型冲突，这类心理冲突经常发生在我们对事物的选择过程中，因为事物都可一分为二，每一事物都可能具有正负效应。

除了被决策对象的复杂因素之外，与决策者本人有关的主客观因素更会深刻地影响决策结果。

功利得失是大多数人在选择决策时的主要依据。当然，每个人对功利得失的态度不同，决策因此体现出明显的个体差异。有人对功利非常敏感，有人则相对较为迟钝。美国心理学家贾尼斯还发现，对自己有重要意义的他人的功利得失是影响决策的重要因素之一。

决断评价是指决策结果可能引起的非功利性评价。这种评价可以是决策者自我的认同与否，也可以是他人、集体或社会的认同与否。事实上非功利的自我认同与否是影响个人决策的主要因素。一般人都不会轻意做出有损于自我形象和自我尊严的抉择，否则就会引起不安、自责、内疚等消极性情感。

一个人能否作出相对正确的决策，与分析能力密切相关。不同的人对同一事件，在相同条件下进行分析，分析的速度、分析的结果、产生的想法与结论等，都会有明显差异。

个性特征也是影响决策的重要因素。面临重大问题仍能情绪稳定、平静深思的人，在理性思维的主导下，容易作出相对正确的决策。反之，缺乏耐心、容易冲动者则会因理智分析能力抑制、自我控制能力减弱，而作出带有情绪化的错误决策。

面对接近-接近型冲突时，如两种目标的吸引力有明显差别。依据"两利相权取其重"的原则，选择一个更有吸引的目标，就能摆脱左右为难的境遇。然而，如果两种目标的吸引力比较接近，摆脱冲突相对较为困难。这时，只能选择一个勉强可以接受的目标，或者暂时放弃两个目标而追求另一折中目标。

面对回避-回避型冲突型，只要是非原则性问题，通常依据"两弊相权取其轻"的原则，选择一个勉强可以接受的目标，尽量缓解矛盾。当然，如果是原则性问题则就另当别论了。

面对接近-回避型冲突时，由于这类冲突是由同一目标兼有两种相反的性质所引起，在趋向具有吸引力目标的同时，又会产生无法回避的矛盾。对目标渴求得越强烈，对目标产生的结果也越担心。在这种情况下，心理冲突就更为激烈，决策也就更为困难。一般认为，如果要尽快摆脱这类犹豫不决的冲突状态，须对目标的利弊得失进行周密思考、仔细分析，然后凭借自己的知识经验，从大局、长远出发，果断决策。否则，即使作了决断，仍可能返回到犹豫之中，陷入两难境地。

对引起多重接近-回避型冲突的多种目标，通常采用正负作用相互补偿的方法进行决策。如果有的目标具有的正面作用大于

第五章 选择与放弃的艺术

不利的负面作用,我们就趋向该目标;反之,目标具有的负面作用大于正面作用,我们就回避该目标。当然,如果几种目标具有的正负作用很难判断,或判断的结果表明几种目标的正负作用十分接近,如遇这种情况,只有作较长时间的考察和充分权衡利弊之后,才能作出抉择,摆脱左右为难的境地。

在多目标决策中,目标间有时会互相矛盾、竞争。即一个目标的充分实现会影响到另一目标的达到,因而决策起来十分困难。为了尽可能选取比较理想的决策方案,可借助于科学决策法,如选优法、综合效用值法、效益成本分析法、数学分析法等选择优化方案的常用方法。

每个选择都包含着放弃

有个聪明的年轻人,很想在一切方面都比他身边的人强,他尤其想成为一名大学问家。可是,许多年过去了,他的其他方面都不错,学业却没有长进。他很苦恼,就去向一个大师求教。

大师说:"我们登山吧,到山顶你就知道该如何做了。"

那山上有许多晶莹的小石头,煞是迷人。每见到他喜欢的石头,大师就让他装进袋子里背着,很快,他就吃不消了。"大师,再背,别说到山顶了,恐怕连动也不能动了。"他疑惑地望着大师。

"是呀,那该怎么办呢?"大师微微一笑,"该放下,不放下背着石头如何登山呢?"

事业的选择好像许多把椅子,而一个人只能选择其中的一把,同时舍弃其他许多椅子。人在面临选择的时候是脆弱的,但目标

超越自我的人生心理学

只能确定一个，这样才会凝聚起人生的全部合力，将其攻下。确定了目标选定了路，不管路有多崎岖，同行者怎样寥寥，你都要忍受孤独和寂寞将它走完。尤其在诱人的岔路口，你必须不改初衷，有心无旁骛的坚定信念和超然气度。

人的自我定位如此，企业的自我定位也是如此。诺基亚放弃了包括当时市场很好的电视在内的许多产品，唯独选择了当时市场不怎么看好的无线通讯产品。诺基亚成功了。我们有很多企业却像"万能选手"一样什么行业都想涉足，只要哪行赚钱就干哪行，一个品牌承受着太多产品的拖累。

即使是一些伟人，往往也会因为舍不得放弃而犯错。巴尔扎克在初期创作失败后投笔从商，去当出版家。这个外行的出版家受尽欺骗，很快失败。紧接着，他又当一家印刷厂的老板，无论怎样拼命挣扎终是失败，从此欠下了不少债，债务越滚越大。警察局下通缉令拘禁他，债权人也搅得他没有一刻安宁，他只好隐姓埋名躲了起来。此时他终于醒悟，多年来自己游移不定，根本没有集中精力从事文学创作。于是他夜以继日地认真写作，成为惊人的高产作家。然而直到逝世前，他尚欠21万法郎的巨额债务，这不能不说是一位天才的悲哀。

【心理研究：刻板印象】

刻板印象又称定型化，是人们头脑中存在的固定想法。刻板印象能够使人们的决策过程缩短，但有时也会造成偏见，从而影响决策。

某位研究消费者行为的心理学家曾经发现这样一个现象：有

第五章　选择与放弃的艺术

些人不喜欢版面太多的报纸，原因是他们认为每次都看不完全部版面，会觉得吃亏。于是心理学家建议报社将内容分叠，以便不同的读者各取所需。

但是对于这些人来说，他们不是不会选择，而是不会放弃。花同样的钱买报纸，当然是版数越多越好，不喜欢的部分当废纸扔了就是了。

人生中有时我们拥有的内容太多太乱，我们的心思太复杂，负荷太沉重，烦恼太无绪，诱惑我们的事物太多，大大地妨碍我们，无形而深刻地损害我们。

我们的人生要有所获得，就不能让诱惑自己的东西太多，心灵里累积的烦恼太乱，努力的方向过于分叉。我们要简化自己的人生。我们要经常地有所放弃，要学习经常否定自己，把自己生活中和内心里的一些东西断然放弃掉。

在自然界中，放弃有时是生物生存的本能。欧洲金雕筑巢于高山悬崖，它以尖利的喙和强壮的爪宣布自己是天空的王者。金雕一次只能孵出两只幼雏。在食物不足的年份，小金雕就会挨饿，金雕妈妈也只能眼看着孩子饿得嗷嗷叫。这时，两只小金雕就用力互相挤靠，结果总是相对弱小的那只被挤下山崖摔死。而这时的金雕妈妈又总是容忍这种"兽行"。人是难以理解金雕的，但是面对残酷的饥饿，金雕必须如此，否则就会全部饿死。

放弃，需要智慧和远见。放弃，还意味着我们和一些我们想要的东西永远错过。放弃，有时使我们难以割舍、心疼心碎。放弃钻营权利和沽名钓誉，你将布衣终身；放弃金钱职位，你再没有了特殊和享乐的机会；放弃社交和朋友，你要承受孤独和寂寞；

放弃失败的恋爱婚姻，你要独自飘零单飞。

放弃，尤其需要你调动自己的智慧和勇气，进行周密无悔的判断，下定一往无前的决心，然后破釜沉舟，果敢行事。

放弃，需要背水一战的勇气和魄力，放弃是痛苦的、是疼痛的、是难舍的、是悲凉的，需要心灵太多的挣扎、犹豫和勇气，放弃意味着永远的丧失和缺憾，甚至有时需要我们重整旗鼓，从头来过。

万事开头难

伽利略的父亲是个著名数学家，他父亲叫他不要学数学这一行，说这行没饭吃，要他学医。可是伽利略对数学有浓厚的兴趣，最后还是选择了学数学。由于浓厚的兴趣与天才，他创造了新的天文学和物理学体系，终于成为近代科学的开山大师。如果伽利略学了医学，我们可能根本听不到伽利略这个伟大的名字，也许整个近代科学的进程都将缓慢几步。

选择对于一个人来说真的是太重要了，我们所处的世界是怎样的，主要在于我们以什么方式来看待它，所以不同的人看到不同世界；有人认为它荒芜、枯燥和肤浅，有人觉得它丰富、有趣而充满意义。我们竭尽全力唯一所能做到的事就是尽力发挥我们个人的品质，让我们从事的事业能够用上我们的才智，在能力范围内做到极力避免其他的纷扰。因此，我们就得选择最适合我们发展的职位、行业和生活方式。

选择职业最大的错误就是短视，"戴着近视眼镜"看自己的

第五章　选择与放弃的艺术

前途和未来，严重地倾向功利主义。我们不能只看现在社会上时髦什么职业，什么职业容易赚钱，什么职业容易找到工作，而无视自己的性情、兴趣、优势和能力。这样做对于前途和未来极为不利。

一个人如果有着强烈的自主能力，突出的爱好和兴趣，自信在某些领域有明显的优势存在，那么，在选择职业时最正确的策略便是随着自己的兴趣走，爱什么就选择什么，哪方面有优势就选择什么。如果你认为自己太年轻，没有能力决定自己的前途，也许没有什么特殊的爱好和突出的优势，在选择科目时不知所从，不知道该选择什么，那么，就要多与有经验的人交流意见，坦诚地准确地向他们描述自己，让他们出些主意。可是必须记住的是，所有别人的主意，仅供参考，最终的选择还得自己作出。一个人根据自己的客观实际，综合各人所见，谨慎而果断地作出合理的选择。

著名学者胡适认为，选择职业时只有两个标准，一个是"我"，一个是"社会"，看看社会需要什么，国家需要什么，中国现代需要什么。但这个标准——社会上三百六十行，行行都需要，现在可以说三千六百行，从诺贝尔得主到修理马桶的，社会都需要，所以社会的标准并不重要。因此，在拿主意的时候，便要按照自我的兴趣走——服从性之所近，力之所能。

胡适的哥哥送他出国留学就时说："你出国去学开矿或造铁路吧，这些学科比较容易找到工作。千万不要学文学、哲学之类的东西。"胡适想，自己对开矿没兴趣，对造铁路也不感兴，。干脆采取一个折中的办法，就学有用的农学吧，也许这将来对国家社会有些贡献，于是学了一年农学。虽然每门课成绩还不错，但他对这些没有兴趣，决定转系重新选课，根据自己的兴趣和性情所好，选择了文学和哲学，终于成为大家。如果当初胡适选择容易找到工作的开矿和造铁路，也许将终生默默无闻。

胡适曾经就职业问题打过一个比方：譬如一个有做诗天赋的人，不进中文系学做诗，而偏要去医院学外科，那么文学院便失去了一个一流的诗人，而医疗界却添了一个三四流甚至五流的饭桶外科医生，这是国家的损失，也是他自己的损失。

【心理研究：路径依赖】

"路径依赖"是指在事物发展过程中，其变化主要依赖于前因，而现实的影响难以发挥效力。比如两地之间有一条弯曲的公路连接，如果一开始就走上公路，那么一般很难离开公路另辟蹊径；反之，如果开始就取直线，在田野里行进，就会感觉走公路是"绕远"，而不会考虑在公路上速度更快。

在心理学上，"路径依赖"主要与人的心理惰性有关。同时由于人的心里有一定的适应性，客观状况也会促使心理状态发生改变。

为了求得一份收入丰厚的工作，有不少人放弃了个人的兴趣追求。工作时往往超负荷运转，个人空间极小。从社会对劳动力的不同需求来看，这种选择无可厚非。但这往往并不是人们心目中最理想的选择。赚钱当然是必要的，但人们除了工作之外，对其他事物也有追求，如自由的时间、良好的健康、满意的人际关系和幸福的家庭等等。因此，一份相对自由的、能充分发挥个人

第五章　选择与放弃的艺术

聪明才智的工作将越来越成为人们的首选择业目标。这样，人们就可能拥有更多灵活的时间，弹性安排自己的生活。这样的工作才是个性化的、理想的工作。

但是，如果有一天，你忽然发现你之前作出的选择看起来是错误的，而客观条件的限制又使你很难改变方向，那是不是意味着你的一生就已经毁了呢？

对于成功而言，一个人干什么并不是最重要的，关键是你在这个行当中干得怎样。人不管做什么事情，都得有自己的目标、理想与抱负。或许你并不觉得自己做出的成就有什么意义，但是只要有所成就，就可以得到他人的尊重。

人的兴趣，尤其是青年的兴趣也常常会因为实际处境的变化而发生变化。始终不变初衷，专一其志，而又获得成功者当然是幸运的，但是在当今瞬息万变的社会是太少太少，现在知识更新迅速，不断更新的世界，在不时地向你招手。所以，在选择职业的瞬间，如果万一处在无可奈何的境地，你也不必丧气，不必抱怨，等待着一个新的目标向你微笑吧，也许有一个更加吸引你的领域在等待着你去大显身手呢。

能人如钱，内方外圆

美国将军巴顿毫无城府，不但使上司颇为难堪，自己也失去了不少人缘，被同事们称为"和平时期的战争贩子"。1925年巴顿担任师部的一级参谋，一年后晋升为三级参谋。他的工作主要是负责对战术问题和部队的训练提出建议并进行检查，但他经常

超越自我的人生心理学

越权行事。1926年,他观看了第22旅的演习,对这次演习非常不满。他直接向旅指挥官递交了一份措辞激烈的意见书。他的这种做法是纪律所不允许的,因为他只是一名少校,无权指责一名准将。这样一来,他便招致了上司的非议和怨恨。

但巴顿并没有吸取教训,1927年,在观看了一场营级战术演习后,他又一次大发其火。他指责营指挥官和其他人员训练不够,准备不足,没有达到预定的目的。虽然这次他很明智地请示司令部副官代替师长签了名,但其他军官心里很清楚,这又是巴顿搞的鬼,所以联合起来一致声讨巴顿。众怒难犯,师长没有办法只好把这位爱"放大炮"的参谋撤下来。

一个人立身处世,如果斤斤计较、处处与人摩擦,那么即使他本领再高强,也往往会使自己壮志难酬,事业无成。但是一个人如果八面玲珑,圆滑透顶,总是想让别人吃亏,自己占便宜,则必将众叛亲离。因此,做人处世,必须能屈能伸,可方可圆,外表大度圆融,内心见棱见角,二者相辅相成,缺一不可。

年轻人未经社会的打磨,总会呈现出棱角,容易碰壁,为了减少前进中的阻力,集中精力去实现自己的理想和愿望,必要时,我们应该做出某种让步或妥协,即用"圆"的方法去取代"方"的精神,像舟行于江河,处处有风浪,有阻力,而一个人如果以"方"处之,竭尽全力与阻力相较量、相抵抗,甚至拼个你死我活,这样做的结果,一来精力难以承受,二来树敌太多,更不好过。

【心理研究:印象管理】

所谓印象管理,就是在交往中通过某种方式来试图控制他人

第五章　选择与放弃的艺术

对自己形成某种印象的过程。人们通过各种方式对自己进行整饰，以给他人产生自己所预期的印象和情感就是很典型的例子。

可以说，关注自我的形象，进行恰当的印象管理，是人类文明的标志、是个人修养的象征。其目的在于通过使交往对象产生良好的情绪体验，以达到建立协调的人际关系，使交往顺利进行下去的目的。但必须注意的是，印象管理只是人际交往的辅助手段，日常交往中不能仅仅追求个人形象的设计而忽略自身素质的提高和发展，更不能通过印象整饰来欺骗他人，那样只会在交往中蒙蔽一时，最终还是不能取得真正的交往成功。

真正聪明的人从来不轻易让别人看出他有多大的智慧和勇气，因为他们知道，只有这样才能更好地获得别人的尊重。所以，让别人知道你，但不要让他们了解你的底细，没有人看得出你才能的极限，也就没有人对你感到失望。让别人猜测你甚至怀疑你的才能，要比完全显示自己的才能更能获得尊重。要不断地培养他人对你的期望，不要一开始就展示，甚至都不要展示你的全部所有。隐瞒你的力量和知识的诀窍是要胸有城府。

一个人即使是天才，若丝毫不懂收敛，也是很难立足的，而且会招致厄运。露锋芒是正常的，但应认清形势，把自己的位置摆正才能做到自我保护。心无城府有时往往把自己陷入不利之地。

一个人真正做到不较真、能容人，也不是简单的事，首先需要有良好的修养、善解人意的思维方法，并且需要从对方的角度设身处地地考虑和处理问题，多一些体谅和理解，就会多一些宽容、多一些和谐、多一些友谊。比如，有些人一旦做了官，便容不得下属的缺点，动则捶胸顿足，横眉竖目，使属下畏之如虎，时间久了，必积怨成仇。想一想天下的事并不是你一人所能包揽的，何必因一点点毛病便与人生气呢？

有位智者说，大街上有人骂他，他连头都不回，他根本不想知道骂他的人是谁。因为人生如此短暂和宝贵，要做的事情太多，何必为这种令人不愉快的事情浪费时间呢？这位先生的确修炼得颇有涵养了，知道该干什么和不该干什么，知道什么事情应该认真，什么事情可以不屑一顾。要真正做到这一点是很不容易的，需要经过长期的磨炼。如果我们明确了哪些事情可以不认真，可以敷衍了事，我们就能腾出时间和精力，全力以赴认真地去做该做的事，我们成功的机会和希望就会大大增加；与此同时，由于我们变得宽宏大量，人们就会乐于同我们交往，我们的朋友就会越来越多。事业的成功伴随着社交的成功，应该是人生的一大幸事。

心理测验十六：处世能力

世故，意味着处世老练、圆滑。实际上，从某种角度看来，世故也是一个人精明能干的标志。你是一个世故的人吗？下面的测试可以帮你判定自己的个性。

1. 受人侍候时常常局促不安。

A. 是的

B. 介于A、C之间

C. 不是的

2. 在从事体力或脑力劳动之后，总是需要比别人更多的休息

第五章 选择与放弃的艺术

时间,才能保持工作效率。

A. 不是的

B. 介于 A、C 之间

C. 是的

3. 有时候觉得需要剧烈的体力劳动。

A. 是的

B. 介于 A、C 之间

C. 不是的

4. 喜欢跟有教养的人来往而不愿意同鲁莽的人相交。

A. 是的

B. 介于 A、C 之间

C. 不是的

5. 喜欢收拾被别人弄得一塌糊涂的局面。

A. 不是的

B. 介于 A、C 之间

C. 是的

6. 兴致很高的时候,总伴随一种"好景不长"的感觉。

A. 是的

B. 介于 A、C 之间

C. 不是的

7. 你希望——

A. 人们能彼此友好相处

B. 不一定

C. 进行斗争

8.认为一个国家最需要解决的问题是——

A.道德问题

B.不太确定

C.政治问题

9.即使去管理缓刑释放的罪犯,也会把工作做得很好。

A.不是的

B.介于A、C之间

C.是的

10.如果征求你的意见,你赞同——

A.杀人犯判处死刑

B.不确定

C.切实根绝心理缺陷者的生育

选A计0分,选B计1分,选C计2分。

总分13~20分:你精明能干,通常处世老练,行为得体,能冷静分析一切,对一切事物的看法是理智的、客观的,有时甚至是讥诮嘲谑的。你应避免成为冷酷无情的冷眼旁观者。

总分7~12分:你较为世故,能比较客观、冷静、理智地思考问题,但有时也不免显得有点幼稚、笨拙,这很大程度上与你的社会化程度有关。

总分0~6分:你坦白、天真、直率,通常思想简单,感情用事,与人无争,心满意足。但有时显得幼稚、粗鲁、笨拙,似乎缺乏教养。要更多参与社会生活,同时要注意适当的自我防御,以免受到过多的伤害。

第五章　选择与放弃的艺术

得让人处且让人

大文豪萧伯纳赢得很多人的尊敬和仰慕。据说他从小就很聪明，且言语幽默，但是年轻时的他特别喜欢展露锋芒，说话也尖酸刻薄，谁要是给他说一句话，便会有体无完肤之感。

后来，一位老朋友私下对他说："你现在常常出语幽人之默，非常风趣可喜，但是大家都觉得，如果你不在场，他们会更快乐，因为他们比不上你，有你在，大家便不敢开口了。你的才干确实比他们略胜一筹，但这么一来，朋友将逐渐离开你，这对你又有什么益处呢？"

老朋友的这番话使萧伯纳如梦初醒，他感到如果不收敛锋芒，彻底改过，社会将不再接纳他。所以他立下宗旨，从此以后，再也不讲尖酸的话了，要把天才发挥在文学上，这一转变造就了他后来在文坛上的地位。

成功是竞争的产物，但竞争也是有一定限度的。一个处处争当主角的人，会让人感觉不够老练，有勇无谋。其实生活中很多情况下要求我们甘当配角。当你刚从事工作时，你要有足够的心理准备去做好配角，这是一种谦虚的态度，一种合作的态度。只有当好配角，才能从主角那边学到许多东西，也才能让主角尽心地传授知识。而如果你凡事都抢着干，别人就会抱有戒心。

凡事都有两重性，即好的一面和不好的一面。同一件事，如果从良好的方面去理解，便是一件好事；但若从不好的一面去理解，便是一件坏事。人缘的作用正在于此，它有时可以使坏的变好，也可以使好的变坏。假如你人缘好，那么你每做一件事，别人都会津津乐道，即使你做错了事，冒犯了别人，别人也会善意理解你的过错。生活在如此宽松和谐的环境里，你心理没有负担，处处可以尽情尽兴。但如果你人缘不好，那么你每做一件事别人都会鸡蛋里挑骨头，更不要说做错事，冒犯别人了，即使你处处谨慎小心，事事正确，别人也会不以为然，不拿正眼看你。生活在如此冷漠的环境里，你会觉得自己是一个多余的人，不要谈什么欢乐和幸福了。好人缘的人脚下的路有千万条，反之，便只剩下一座独木桥了。而要想有个好人缘，就不要锋芒毕露，咄咄逼人。

个性是个人之本，人有个性才有魅力。个性表现得越充分，个人魅力越大。但是，不恰当地张扬个性，对人并非有益。如果这种个性张扬的程度超过了一定限度，就可能表现为病态的攻击行为，甚至导致人格障碍。

【心理研究：攻击型人格障碍】

攻击型人格障碍（explosive personality disorder）是一种以行为和情绪具有明显冲动性为主要特征的人格障碍，又称为爆发型或冲动型人格障碍。患者情绪高度不稳定，对事物往往做出爆发性反应，极易产生兴奋的冲动，行为爆发时不可遏制。心境反复无常，办事处世鲁莽，缺乏自制自控能力，易与他人冲突和争吵，稍有不合便大打出手，不计后果。患者心理发育不成熟，判断分析能力差，容易被人挑唆怂恿，对他人和社会表现出敌意、攻击和破坏行为；不能维持任何没有即刻奖励的行为，经常变换职业，多酗酒。

攻击型人格障碍患者对于自我角色的认同与攻击性有很大的

第五章 选择与放弃的艺术

相关性。尤其是进入青春期的男孩,特别热衷于男子汉角色的认同和片面理解,强调男子汉的刚毅、果断、义气、力量等特征。

关键时候要争做主角,但争主角不是凭一时的冲动,而要有充分的心理准备。首先要估计自己的能力,要对自己有充足的信心,当然这种自信不能是盲目的。此外要能处理好各种因为当主角带来的复杂矛盾,也就是各种人际关系,当然还要考虑到各种不测和意外,做好担当相应责任的准备。

与"锋芒毕露"相对,我们提倡"沉默是金"的处世哲学。一些年轻人不分场合地大发议论,无节制地说三道四,大有"初生牛犊不怕虎"的精神,但是这种锋芒毕露很可能会使比较主观的领导和同事觉得你傲慢、偏激而产生对你的不良印象。再说信口开河的浅薄和浮躁也是在损害你的形象。你不如保持适当的沉默,这是谦虚友好的表示,也是一种力量的体现,将你的锋芒在工作中显露,以出色的工作成绩和谦逊的作风赢得声誉。

你要是比别人聪明,不一定必须张扬着让他人知道,时间会证明一切的,"是金子总是要发光的"。收敛锋芒,韬光养晦,使你在与人共事时留下较大的回旋余地,是一种必要的自我保护,也是让旁人敬佩的一种内在气质。

心理测验十七:敌对情绪

社会竞争日趋激烈,人在此中要想立于不败,要有"敢为天下先"的勇气和魄力,但同时也需要"退一步海阔天空"的韧劲和智谋。人在竞争过程中,一方面是和事进行挑战,另一方面则

超越自我的人生心理学

是和人进行协作或挑战,做事容易,但处世就比较难,这需要我们能屈能伸,需要我们清楚何时屈何时伸。你是否过于冲动,对别人充满敌意呢?下面这个测验可以帮助你认识自己。

1. 你羡慕他人吗?

A. 我很少羡慕。

B. 我羡慕某些人。

C. 我就是痛恨那些拥有我所有的事物的人。

2. 你觉得自己是否有嫉妒心?

A. 为何要嫉妒?嫉妒从未进入我的脑海。

B. 我已在学习抛弃小小的嫉妒心。

C. 当我关心某人而他比我好时,我对那人就会很嫉恨。

3. 你憎恨他人吗?

A. 我很少或不曾这样。

B. 我偶尔会有这种情绪。

C. 对于某些人或事情,我的确充满憎恨。

4. 你的脾气暴躁吗?

A. 要我大发脾气实在不是件容易的事。

B. 偶尔会发脾气。

C. 我随时都会大发脾气。

5. 你固执己见吗?

A. 意见的不同是件有趣的事。

B. 有些人与我意见不一致,也可能他们是正确的。

C. 除非你同意我的看法与见解,否则我们没有什么好谈的。

6. 你信任他人吗?

第五章 选择与放弃的艺术

A. 我很相信别人。

B. 有些人是不能予以信任的。

C. 每个人都存心陷害我,我不相信任何人。

7. 你在背后说人长短吗?

A. 我从来不这样做。

B. 有时,我会散布闲言碎语。

C. 我喜欢这样。

8. 你对别人态度如何?

A. 我时时使我的言语保持和善与礼貌。

B. 我的语气与言语偶尔会不太礼貌。

C. 我习惯粗鲁无礼,我不管别人是否喜欢。

9. 你缺乏耐心吗?

A. 我绝对很有耐心。

B. 偶尔会觉得很不耐烦。

C. 我以缺乏耐心而出名,但我并不在意。

10. 你是否喜欢讽刺、挖苦人?

A. 我很少讽刺别人,只有在强调某些事情时,才会这样做。

B. 我偶尔想要讽刺别人,并立即实施。

C. 我经常表现出讽刺态度。

选 A 得 3 分,选 B 得 2 分,选 C 得 1 分。

总分 25～30 分:你心胸开阔,凡事想得开,高尚,无私,磊落,随和,这些都是你赢得知识、荣誉和朋友的资本,有利于你未来的发展。

总分 15～24 分:你不必为自己这种心理担心,只要能按 A

217

类中的一些方法来控制自己,这种心理很快就会消失。

总分10～14分:你的敌意甚深,请你静下心来,仔细找一找敌对心态的原因,是不是由于不顺心,愤怒嫉妒,或是由于压抑引起来的。

敌意持久会对人的身心产生极为不良的影响,请你设法消除。你可以去找心理医生,或是一些值得你信赖、能给你帮助的人。不过下面的方法也可以试一试,你不妨这么想:"这种心态只能把事情搞坏,对己对人都没有好处,所以不值得有这种心态。"如此不奏效,你还可通过和自己的亲密朋友交谈,冷静地谈论引起这种敌对感的情景或个人,这样会使你这种情绪宣泄掉,化为乌有,或者干脆去运动运动,踢几脚球,投几个篮,完全陶醉于其中,会使你感到多么满足、痛快。任何运动,劈柴、种花弄草、做柔软体操,都能释放敌对情绪。还有一个方法,可以用在许多场合克制,就是自言自语:"那又怎么样。什么事?没事。"接受这句话的意思,敌对情绪也就销声匿迹了。

迂回应变,顺其自然

建筑师设计了位于绿地四周的办公楼群。竣工后,园林管理部门的人问他人行道该铺在哪里,"把大楼之间的空地全种上草。"建筑师回答。

夏天过后,在楼间的草地上踩出了许多脚印,优雅自然,走的人多就宽,走的人少就窄。

秋天,这位建筑师让人沿着这些踩出来的痕迹铺设人行道。

第五章 选择与放弃的艺术

这是从未有过的优美设计，和谐自然地满足了行人的需要。

想要取得成功，我们做事就不能违背规律蛮干，否则后果是不堪设想的。万物皆有属性，顺其自然，便见世界真谛。顺其自然，可以使事情变得容易，不顾一切地按照自己的主观意志蛮干，那必然会失败。

一位在美国留学的计算机博士，辛苦了好几年，总算毕业了。可是，虽说拿到了响当当的博士文凭，却一时难以找到工作。最后他总算想到了一个绝妙的点子。

他决定收起所有的学位证明，以高中毕业的身份去求职。

这个法子还真灵，一家公司老板录用他做程序录入员。这个工作可真是太简单了，对他来说简直是"高射炮打蚊子"，不过，他还是一丝不苟，勤勤恳恳地干着。

不久，老板发现这个新来的程序录入员非同一般，他竟然能看出程序中的错误。这时，这位小伙子掏出了学士证书，老板二话没说，立刻给他换了个与大学毕业生相对口的专业。

又过了一段时间，老板发现他时常还能为公司提出许多独到而有价值的见解，这可不是一般大学生的水平呀。这时，这位小伙子又亮出了硕士学位证书，老板看了之后又提升了他。

他在新的岗位上干得很出色，老板觉得他还是与别人不一样，非同小可，于是，老板把他找到办公室。这时，这位聪明人才拿出他的博士证书。老板这时对他的水平有了全面的认识，便毫不犹豫地重用了他。

这位博士的点子好就好在以迂为直，从最底层做起，看上去是浪费了时间，可是一旦有机会，就可以大放异彩，展露才华。

希望越高，失望越大。做事情，来点"曲折"，先沉下水底，再浮出海面，给别人一个惊喜，同时也给自己一份成功的喜悦。

曲则全，直则枉，只要拐个弯才能达到目的，并且达到得更快更好，那又何必不做呢？要知"宁向直中取，不向曲中求"可是一个天大的错误。

【心理研究：约拿情结】

约拿情结是一种普遍的心理现象。我们既想取得成功，但面临成功，总是伴随着一种心理迷茫。我们既自信，但同时又自卑；我们既对杰出人物感到敬仰，但又总是有一种敌意的感情。我们敬佩最终取得成功的人，而对成功者，又有一种不安、焦虑、慌乱和嫉妒。我们既害怕自己最低的可能性，又害怕自己最高的可能性。

在约拿情结的影响下，人会表现出对成功路径的刻板观念，从而降低成功的可能性。同时在心理防卫机制的作用下，可能会产生出两种不同的心理路径：一是通过代偿作用，找到其他的努力方向，破解约拿情结；二是产生"酸葡萄"或者"甜柠檬"心理，失去内心驱动力，故步自封。

有时候，"捷径"并不是最短的那条路，如果你坚持"两点之间直线最短"的话，反而会进入蛮干的误区。

美国当代著名企业家李·艾柯卡在担任克莱斯勒汽车公司总裁时，为了争取到10亿美元的国家贷款来解公司之困，他在正面进攻的同时，采用了迂回包抄的办法。一方面，他向政府提出了一个现实的问题，即如果克莱斯勒公司破产，将有60万左右

第五章 选择与放弃的艺术

的人失业,第一年政府就要为这些人支出 27 亿美元的失业保险金和社会福利开销,政府到底是愿意支出这 27 亿呢,还是愿意借出 10 亿极有可能收回的贷款?另一方面,对那些可能投反对票的国会议员们,艾柯卡吩咐手下为每个议员开列一份清单,单上列出该议员所在选区所有同克莱斯勒有经济往来的代销商、供应商的名字,并附有一份万一克莱斯勒公司倒闭,将在其选区产生的经济后果的分析报告,以此暗示议员们,若他们投反对票,因克莱斯勒公司倒闭而失业的选民将怨恨他们,由此也将危及到他们的议员席位。这一招果然很灵,一些原先激烈反对向克莱斯勒公司贷款的议员闭了口。最后,国会通过了由政府支持克莱斯勒公司 15 亿美元的提案,还比原来要求的多了 5 亿美元。

任何事物的发展都不是一条直线,聪明人能看到直中之曲和曲中之直,并不失时机地把握事物迂回发展的规律,通过迂回应变,达到既定的目标。

心理测验十八:固执程度

生活中,有些人在人际交往中表现得非常谦逊和温顺,另有一种人则常常给人以争强好胜、自以为是的感觉。从理论上来讲,生活中这两种人各占近 25%,其余 50% 多的人则游移于这两个极端之间。你属于哪一种人呢?不妨自我测试一下。

1. 你总是不敢大胆批评别人的言行。

A. 不是的。

B. 有时如此。

C. 是的。

2. 你的思想似乎——

A. 比较激进。

B. 一般。

C. 比较保守。

3. 说谎时，总觉得内心羞愧，不敢正视对方。

A. 不是的。

B. 不一定。

C. 是的。

4. 假使你手里拿着一支装有子弹的手枪，一定得取出子弹才能安心。

A. 不是的。

B. 介于 A、C 之间。

C. 是的。

5. 感到自己确实具备一些别人所不及的优良品质。

A. 是的。

B. 不一定。

C. 不是的。

6. 考虑到你的能力，即使让你做一些很平凡的工作，你也会安心的。

A. 不是的。

B. 不太确定。

C. 是的。

第五章 选择与放弃的艺术

7. 你不喜欢争强好胜。

A. 不是的。

B. 介于 A、C 之间。

C. 是的。

8. 在课堂上,如果你的意见与别人不同,你通常——

A. 当场表明立场。

B. 不一定。

C. 保持沉默。

9. 如果你紧急要借朋友的东西,而朋友却不在家,你认为不告而取也没有关系。

A. 是的。

B. 介于 A、C 之间。

C. 不是的。

10. 你常打抱不平。

A. 是的。

B. 介于 A、C 之间。

C. 不是的。

11. 到一个新城市出差,你会——

A. 到处闲逛。

B. 不确定。

C. 避免到可能不安全的地方。

12. 因为你对一切问题都能发表一些见解,故大家都认为你是一个有头脑的人。

A. 是的。

B. 介于 A、C 之间。

C. 不是的。

13. 你讲话的声音——

A. 洪亮。

B. 介于 A、C 之间。

C. 低沉。

选 A 得 2 分，选 B 得 1 分，选 C 得 0 分。

总分 13～26 分：你好强固执，独立积极，有时自高自大，自以为是。你可能非常武断，时常像蛮牛一样冲锋陷阵，对抗有权势者。送你一句话：物刚则易折。

总分 9～12 分：你能比较妥善地处理好自己与他人的关系，既不自高自大，也不迎合他人，态度适中。

总分 0～8 分：你谦虚、顺从、通融、恭敬，通常行为温顺，做事以别人的意见为主，即使处于十全十美的境地，也有"事事不如人"的感觉。你的个人意识萎缩了，如同别人的影子。是否能够看重自己一点，要知道你并不逊于任何人。

身后有余要缩手

《元史》记载，速哥是元太宗的大将，外表看起来一副木讷的老实样，实际上却是诚恳沉勇，深得太宗的信任。有一天早朝，他接过派令刚出朝廷，看到六个回人，因为犯小罪将受到极刑。速哥急忙跑回去向太宗求情："这六个人在西域颇有名气，如果以小罪就杀他们，恐怕不是怀柔之计。请将他们赐给我，让我慢

第五章　选择与放弃的艺术

慢地开导他们，日后可以为我所用。"太宗听后，便将这六人赐给速哥。速哥带着他们一起赴任，到了半路，就把他们全部释放了回去。速哥死后，还被元朝追封为宣宁王。《元史》记载了这件事，并下了评语说：速哥之所以能有至大的官名，都是因为他"宽大爱人"所致。

大凡下厨房的人都懂得，做菜时先要少放盐，因为味淡还可补救，味咸却难以"妙手回春"。一枚硬币有两个面，同样地，在这个世界上，没有完全绝对的事情，任何的事物都有两个相对的方面。这就教会了我们做人不要太绝对，要给自己和他人留有余地。

在韩非子的《说林下》中有这样一段话："桓赫曰：'刻削之道，鼻莫如大，目莫如小。鼻大可小，小不可大也；目小可大，大不可小也。'举事亦然，为其不可复也，则事寡败也。"

这段话的大意是说，工艺木雕的要领，首先在于鼻子要大，眼睛要小，鼻子雕刻大了，还可以改小，如果一开始便把鼻子给刻小了，就没办法补救了。同样的道理，初刻时眼睛要小，小了还可以加大。如果刚开始雕刻时，就把眼睛弄得很大，后面就无法缩小了。为人做事，也是一个道理，凡事要留有余地，留有后路。只有这样，才不至于遭遇失败。

待人处事需要留有余地。留有余地，可进退自如，可收放从容，是处世的艺术，是人生的哲学。不留余地，好比棋的僵局，即使没有输，也无法再走下去。

三国时期，诸葛亮曾经七次生擒孟获，最后却又放了他回去。有人会问说，他傻不傻，抓一个人费了那么多的时间和精力，最

225

后却"放虎归山"！当然不傻，诸葛亮不仅给自己留下了余地，也给了孟获一条退路，深谙用人之道的孔明知道，要想让一个人心甘情愿地为国效力，就要让他心悦诚服地降伏。果然，在第八次擒住了孟获后，他终于甘心归降认输，诸葛亮也留下了一段传世的佳话。这种战胜对方，又留有余地的方法实际上是利用了对方的心理效应，减少了对方的敌对情绪，增加合作的可能，从而促进成功。

【心理研究：阿伦森实验】

心理学家发现，在对别人进行肯定或否定、奖励或惩罚时，并不是一味地施行肯定和奖励最能给人好感，也不是一味地施行否定和惩罚最能给人恶感。事实是，先否定后肯定，能给人最大的好感，而相反，先肯定后否定则给人的感觉最不好。

美国心理学家阿伦森·兰迪做过一个实验。他把被试者分为4组，施行不同的措施，结果也不同，分别如下：

对第一组被试行始终否定，被试者不满意。

对第二组被试者始终肯定，被试者满意。

对第三组被试者先否定后肯定，被试者最满意。

对第四组被试者先肯定后否定，被试者最不满意。

这种心理规律，在现实生活中很普遍，平时人们所说："磕一千个头后放一个屁，效果全无"，就是这种规律的反映。

与人相处时，凡事不要做绝，记得为彼此留下余地，以后不管在那个场合再见面，都是一团和气，不至于见了面就让对方咬牙切齿的。

第五章　选择与放弃的艺术

在日常交往中,话也不能说得太绝。当然,也有人话说得很绝,而且也做得到。不过凡事总有意外,使得事情产生变化,而这些意外并不是人能预料的,话不要说得太绝,就是为了容纳这个"意外"。杯子留有空间就不会因加进其他液体而溢出来,气球留有空间便不会爆炸,人说话留有空间,便不会因为"意外"的出现而下不了台,可从容转身。所以很多政府官员在面对记者的询问时,都偏爱用这些字眼,诸如:"可能、尽量、或许、研究、考虑、评估、征询各方意见……"这些都不是肯定的字眼,他们之所以如此,就是为了留一点空间好容纳"意外",否则一下子把事情说绝了,结果事与愿违,那不是很难堪吗?

对别人的请托可以答应接受,但不要"保证",应代以"我尽量,我试试看"的字眼。上级交办的事当然接受,但不要说"保证没问题",应代以"应该没问题,我全力以赴"之类的字眼。这是为了万一自己做不到所留的后路,而这样子说事实上也无损你的诚意,反而更显出你的审慎,别人会因此更信赖你,事没做好,也不会责怪你。

固然把话说绝有时也有实际上的需要,但除非必要,还是保留一点空间的好,既不得罪人,也不会把自己陷入困境。总之,多用中性的、不确定的词句就对了。

留有余地是一种心态。佛家有句话说:"心善如水。"一个心地善良的人往往能替别人考虑许多,因此也时常为他人留有余地,也许他会因为这样而失去些名利或财物,但与此同时,他却获得了比金钱更为重要的东西,那就是对方的感恩!在我们有能力时,要记得为别人留一盏光明而温暖的灯。

超越自我的人生心理学

创业容易守业难

特洛伊人与入侵的希腊联军作战,双方互有胜负,后来联军中有人献策,假装全部撤退,留下一匹大木马,并将勇士藏在马腹内,其他的主力部队亦躲在附近。特洛伊人望见远去的舰队,以为敌人真的撤退了,于是在毫无防备下,将木马拖入城内,歌舞狂欢,饮酒作乐。就在他们睡梦时,木马中的勇士纷纷跳出,打开城门,里应外合,于是特洛伊灭亡了。

有位企业家曾说过:"当你经过千辛万苦使你的产品打开市场的时候,你最多只能高兴五分钟,因为你若不努力,第六分钟就会有人赶上你,甚至超过你。"

当你被上司提升或嘉奖的时候,常常会自鸣得意吗?如果是,那你就要好好学一番涵养的功夫,把你那因升迁而引起的过度兴奋压下去才好。你所拟的一生计划,当然是非常伟大的,但在你没有达到这个伟大目标之前,中途的一些升迁,真可说是微乎其微的小事。也许在你实行一个计划时,一着手就大受他人夸奖,但你必须对他们的夸奖一笑置之,仍旧埋头去干,直到隐藏在心中的大目标完成为止。那时人家对你的惊叹,将远非起初的夸奖所能及。

一个人的伟大与否,是可以从他对于自己的成就所持的态度上看出来的。美国汽车大王福特曾说:"一个人如果自以为已经有了许多成就而止步不前,那么他的失败就在眼前了。许多人一开始奋斗得十分起劲,但前途稍露光明后,便自鸣得意起来,于是失败立刻接踵而来。"

第五章 选择与放弃的艺术

有些人因为顺境连连而甚感欣慰,愉悦之情不时流露于脸上。然而,不能光只是高兴。应该想想怎么才能维持好运,永葆成功。同样的道理,好业绩得来不易,但更难的在于如何持续保持好业绩。所以,在运气好时,切莫得意忘形,而致乐极生悲,必须更加积极奋发,以使成绩永久不坠。

还有的人曾经成功,却在后来走上"过气"的路。他不是没有机会,问题就在于他已满足于现状。而自满正是无形的蛀虫,它让人停顿,无法超越过去,更无法拥有未来的辉煌。

世界上最困难的事情,莫过于去帮助那些缺乏进取心、容易满足、安于现状的人。他们天性中就缺乏较高的自我要求以鼓励自己前进,他们没有足够的进取心去开创事业,更没有足够的忍耐力去完成艰苦的工作。

【心理研究:物极必反】

我们都知道"物极必反"这个成语,是说任何事物的特点要适度才好,如果过了头,达到极限,就要起相反的作用了。

在心理学上,"物极必反"表现为大脑的一种生理机能。人的脑细胞有兴奋和抑制两种状态,兴奋过后自然就会进入抑制状态。如果给予脑细胞过度的刺激,抑制的时间就会延长。

所以,在人努力奋斗的时候,脑细胞长时间处于兴奋状态,一旦松懈下来,就会迅速转入长时间的抑制状态,为失败埋下祸根。

有一位薪水很高的职业经理,有人问他成功的秘诀是什么,他回答说:"我还没有成功呢,我前面总有更高的目标。"由此

超越自我的人生心理学

可见，那些成功之人绝不会满足现状，而会要求自己做得更好。如果你信守这个观念并持久不懈地改善自我，那么你的人生之路一定会走向成功。

只有小人物才会认为自己是成功者，而真正伟大的人物从不认为他们达到了自己的目标。因为在取得更大的进步之后，他们的标准也会越定越高。随着自己眼界的开阔，他们的进取心也会逐渐增长。如果你在一个平庸的职位上得到了一笔不少的薪水，就此缺少了向更高位置努力的动力，那是非常危险的。因为你的进取心从此就开始逐渐消退了。虽然你的能力能让你做得更好，但是由于你已满足于现状，所以你也许永远只能做一个普通职员而已。

对于一些人来说，生活中最悲惨的情形莫过于：自己本来雄心勃勃、满怀希望的出发，却在半路上停了下来。他们满足于现有的温饱和生存状态，漫无目的地虚度余生。如果我们放弃下一步的努力，进取心消磨了，那么我们就会失去力量，那种懈怠和厌倦的感觉就会左右我们，使我们一蹶不振。

满足于眼前成就的人会停滞不前，而进步者却总是感到不满足。因为追求进步，他做任何事情就好像永无尽头。一个不断追求完善的人总是无法满足于已有的成就，而不断去追寻更伟大、更完善、更充实的东西。

最初所取得的成功，尤其是早期的成功，对许多人来说就像毒品，会麻痹他们的心灵，而只有不满足和恒久的进取心才会消除这种不良情绪。只要你具有很强的进步欲望，再加上积极的努力，你就可以把眼前你已经满意的事情做得更好。

第五章　选择与放弃的艺术

交友需要慎重

一只虱子常年住在富人的床铺上，由于它吸血的动作缓慢轻柔，富人一直没有发现它。一天，跳蚤拜访虱子。虱子对跳蚤的性情、来访目的、能否对己不利，一概不闻不问，只是一味地表示欢迎。它还主动向跳蚤介绍说："这个富人的血是香甜的，床铺是柔软的，今晚你可以饱餐一顿！"说得跳蚤口水直流，巴不得天快黑下来。

当富人进入梦乡时，早已迫不及待的跳蚤立即跳到他身上，狠狠地叮了一口。富人从梦中被咬醒，愤怒地令仆人搜查。伶俐的跳蚤跳走了，慢慢腾腾的虱子成了不速之客的替罪羊。虱子到死也不知道引起这场灾祸的根源。

在你为成功而奋斗之初，你可能需要寻求知己，但是，你要注意，不要结交那些对你有害无益的朋友，不要被拖入他们的浑水之中。环境和朋友，对我们的一生有莫大的影响，可以说，交上怎样的朋友，就会有怎样的命运。

因此，在选择朋友时，你要努力与那些乐观肯干、富于进取心、品格高尚和有才能的人交往，这样才能保证你拥有一个良好的生存环境，获得好的精神食粮和真诚的帮助。这正是孔子所说的"无友不如己者"的意思。

与身心健全的人交往，不仅可以使自己得到别人的尊敬，而且也可以促进自己的身心健康，提高品德修养。要结交懂得自尊自爱的朋友。因为一个人如果不自尊，便无法尊敬别人。近朱者赤，近墨者黑，假使我们所结交的朋友都是懂得自尊自爱的人，相信大家都会互相尊重的。另外，他们的心态一直很稳定，能与人愉快相处，以整体的观点来说，这种人是属于和蔼、意志高昂的类型。有自尊心且身心健康的人不仅能在工作岗位上尽忠职守，而且也能在人生的过程中，享受到真正的乐趣。如果我们本身就是一个有自尊心且身心很健康的人，一定能够很轻易地分辨出别人是否和你具有同样的性格。

【心理研究：感觉适应】

事实上，没有任何人是没有缺点的，那么为什么还要强调交友慎重呢？因为朋友是一种比较亲密的人际关系，接触时间长。这时，就会引发一种叫"感觉适应"的心理现象。

心理学上有这样的规律：在同一刺激持续作用下，感受器的感受性有可能提高，也有可能降低。通常在微弱的刺激物的持续作用下，可以使感受性提高；在强烈刺激物的持续作用下，可以使感受性降低。这种现象叫做感觉的适应。古人说过"入芝兰之室，久而不闻其香；入鲍鱼之肆，久而不闻其臭"就是这个道理。

所以，在经过一段时间相处之后，你很可能对朋友的缺点丧失警惕，进而通过人际关系中的感染效应传染上相同的缺点，这就是"近墨者黑"的道理了。

心理学家认为，应尽量断绝与下列朋友的往来，珍惜你的时间、精力和金钱，去做你应该做和你想做的更重要的事情。

靠不住的朋友不能交。交朋友时应注意两厢情愿，不要强求。朋友的类型有多种，但友情是互相的，即你的付出应有相应的回报，朋友之间应互爱互重，互谅互信。有些朋友在短期内似乎与

第五章　选择与放弃的艺术

你关系不错，但时间一长便发现他靠不住，在这种情况下应当机立断，与之断交。

志不同道不合的朋友不能交。真正的朋友，需有共同的理想和抱负，共同的奋斗目标，这是两人结交的基础，如果两人在这些方面相差极大，志不同道不合，是很难有相同话题的，人的兴趣也必然不同，这样两人在交往时只能互相容忍，无法互相欣赏，因此容易造成分手。

悖人情者不能交。亲情、爱情都是人之常情，如果一个人的行为显示出他在人之常情中处事的态度十分恶劣，那么这种人是不能交往的。这种人往往极端自私，为达目的不择手段，并惯于过河拆桥、落井下石，因此这种人不可交。

势利小人不能交。见利忘义的小人，是不合适作为朋友出现在生活中的势利小人的一个通病是：在你得势时，他锦上添花；当你失势时，他落井下石。他不懂得什么是真诚，他只知道什么是权势。因此，这种人不能交往。

酒肉朋友不能交。酒肉朋友当你能给他实惠，他们看上去与你的感情很好，但当你真正需要他们帮助时，他们会一点表示都没有。

两面三刀的人不能交。有的人惯于表面一套，背后一套，对这样的人应该小心对待，更别说跟他交朋友了。与这样的人交往时，应多注意他周围的人对他的反映，与这样的人在短期交往中很难发现这种性格特征，但接触时间长了便会清楚明白了。这种两面派是千万不能结交为朋友的，不然他会令你大吃苦头。

俗友不深交。朋友之间的谈话多多涉及兴趣、爱好、志向及

超越自我的人生心理学

对某一事的看法。如果朋友只跟你谈物质利益，谈钱，则可将之归于"俗友"之列。"俗友"对你虽无大害，但长期交往下去，一则浪费你的时间，二则难免使你变"俗"，因此不宜深交。况且这种"俗友"一般很现实，当你处于危难之时他不会对你伸出援救之手支持你、帮助你，对这种朋友，仅做一般应付即可。

朋友之谊以德为先，发现朋友有品质方面的问题要果敢地讲出来，甚至与之毫不留情地绝交。当你通过交往，对这一实际情况有一个清晰的把握之后，就应该长痛不如短痛，收起你的菩萨心肠。

如何作出艰难的选择

蜘蛛猿是一种很有趣的动物，它是生长在中南美洲、很难捕捉的一种小型动物。多年来人们想尽方法，用装有镇静剂的枪去射击或用陷阱捕捉它们，都无济于事，因为它们的动作实在太快了。后来，有人想了一个办法，在一个窄瓶口的透明玻璃瓶内放进一颗花生，然后等待蜘蛛猿走向玻璃瓶，伸手去拿花生时，你就可以逮到它了。

因为当时蜘蛛猿手握拳头紧抓着那颗花生，所以它的手抽不出玻璃瓶，而那个瓶子对它来说又太大了，使它无法拖着瓶子走。但它十分顽固，或者是太笨了——始终不愿意放下已经到手的花生。就算你在它身旁倒下一大堆花生或香蕉，它也不愿意放开手中那颗花生，所以，这时狩猎者便可以轻而易举地抓到它。

人生是个不断探索的过程，失败有时并不是由于你的能力、

第五章　选择与放弃的艺术

常识不足，而是由于你错误地选择了目标，而失败正是给予了你一个重新思考，从错误中解脱的良机。有些时候，为了追求更适合自己的目标，你就必须先放弃暂时的利益，这不是见异思迁，而是你愿意改变一些习惯，使自己更有弹性。

在选择与放弃的过程中，意志力是不可或缺的。意志行为的心理过程是指意志对行为进行积极、能动调节的过程。按其进程可分为两个阶段，即采取决定阶段和执行决定阶段。

采取决定阶段是意志行动的初级阶段，该阶段是在人脑中完成的。整个阶段包括三个步骤，即动机的确立、目的的确定、选择方法和拟定计划。

人的意志行动是由一定的动机所引发的，而动机的形成则以一定的需要为前提。由于人的需要是多种多样的，因此人的动机也是多种多样的。在同一时间内，如人脑中同时并存多种动机，其结果必然会引起主观意识中的动机矛盾，使人表现出彷徨不安或踌躇不定。于是，克服动机矛盾便成了意志行为需解决的首要任务。就动机矛盾而言有非原则性和原则性之分。一个人要想及时果断地克服带有原则性的动机矛盾，不仅需要周密的思考，而且需要意志的努力。

一个人只有克服了动机矛盾之后，才可能确定行为目的。不过，在人面前经常会存在各种不同的目的，因此认真分析这些不同目的对自己的兴趣程度、对社会的意义和价值所在、其实现的可能性大小等，是我们对目的进行选择的基础。当我们对带有两种或两种以上矛盾的目的具有相等或相近的兴趣或爱好、且对自己具有同等意义时，舍弃其中哪一个都会产生很大不快或可惜，

超越自我的人生心理学

尤其是当某种目的对自己有很大的吸引力而又有益于社会时，要放弃这种目的是较为困难的，此时，所产生的目的斗争是复杂的，这种斗争引起的内心冲突十分剧烈，因此抉择目的需要良好的意志品质作保证。

克服了动机矛盾和确定了行为目的后，还须依据自身的主客观条件选择实现目的的方法和拟订实现目的计划。因此，方法和计划是实现目的所不可缺少的，没有必要的方法和计划，要实现目的是根本不可能。在选择方法和拟订计划过程中，依然存在复杂的意志行动。事实上，可供我们实现目的的方法与计划多种多样，这就要求我们对其作全面地权衡，其中不仅须对各种方法的优劣作出判断和研究各种步骤的得失，而且须在比较中决定如何通过自己的实际行动来有效地变革有关的客观过程，以实现预定目的。在进行这种心理过程时，必然要克服来自主观方面的种种矛盾，因而需要意志努力。

要顺利克服主观意识中的动机矛盾、目的斗争和方法、计划选择中的内心冲突，需借助人的意志力，而要坚定地执行决定和克服实践活动中的种种障碍则更需人的意志努力。所以，真正需要发挥意志行为能动作用的中心环节不是采取决定而是执行决定。

一般而言，采取决定而不执行决定，即使是再好的决定恐怕也毫无意义。因此，只要动机和目的一经决定，就应立即行动起来，下定决心采取积极行动为目的而努力。否则，很可能会坐失良机，贻误大事。然而，对于那些仅作为未来行动纲领的各种决定或暂时不具备条件立即执行的决定，则不应由决定直接过渡到执行，

第五章 选择与放弃的艺术

如果立即引向实际行动反而会带来重大损失与不利。此时，要求我们能克制自己，克服情感上的强烈体验，这就需要意志努力。

在执行决定中，是否严格、坚定地按照所选定的方法和所拟计划进行也需要作出意志努力。由于原先对目的的全面性考虑不够，原定的方法和计划不切实际，致使在具体执行中，遭遇了严重挫折，甚至原定的目的已成了不可能实现的目标。此时，一个意志坚强的人，理应根据具体情况，对原来选定的方法和拟定的计划进行必要修正，坚持正确的、抛弃错误的。但一个人如此时此刻不敢对原有方法和计划作丝毫变动，或者优柔寡断、举棋不定，以至浪费大量时间和精力，那同样是意志薄弱的表现。

可是，人在执行决定阶段，不仅需要克服客观方面的种种困难，以便能顺利实现预想的目的，而且需要克服来自主观即自身的各种消极心理，诸如动摇、怠情、优柔寡断、信心不足、情绪波动等对实现目的所产生的负面影响。因此，执行决定阶段是一个更为复杂、更为艰巨的阶段，需要作出更大的意志努力。

第六章　超越自我，成就梦想

一个人被烦恼缠身，于是四处寻找解脱烦恼的秘诀。

他来到一个山洞里，看见有一个老人独坐在洞中，面带满足的微笑。

他深深鞠了一个躬，向老人说明来意。老人问道："这么说你是来寻求解脱的？"

他说："是的，恳请不吝赐教。"

老人笑着问："有谁捆住你了吗？"

"……没有。"

"既然没有人捆住你，何谈解脱呢？"

如果说有什么能够阻碍我们成功的话，那就是我们自己。由于我们的心态没有调整好，束缚也就一个跟着一个而来。实际上，这些心理上的束缚都是无中生有。把心态调整好，问题会变得很简单，成功也就指日可待了。

解析心理障碍

跳蚤跳的高度一般可达它身高的400倍左右，可以说跳蚤能称得上动物界的跳高冠军。心理学家把跳蚤放进一个玻璃杯子，

第六章　超越自我，成就梦想

跳蚤立即轻易地跳了出来。连续重复几遍，结果还是一样。

随后实验者又把这只跳蚤放进杯子里，不过这次是在杯子上加了一个玻璃盖，跳蚤一次次重重地撞在玻璃盖上，跳蚤十分困惑，但是跳蚤不会停下来，通过一次次地被撞，跳蚤开始变得聪明起来，它开始根据盖子的高度来调整自己所跳的高度。结果这只跳蚤再也没有撞击到盖子，而是在盖子下面自由地跳动。一天后，实验者把这个盖子轻轻拿掉，跳蚤不知盖子已经去掉，它还是在原来的这个高度继续跳着，其实它已经无法跳出这个玻璃杯了。

现实生活中，我们是否也曾经满怀信心，屡屡去尝试成功，一旦事与愿违，就会丧失信心，怀疑自己的能力。实际上，客观环境的障碍是很容易被清除的，难以清除的是心中的樊篱。

我们每一个人都有能力发展自己，取得更大成功，不幸的是我们在开发自己潜能取得成功的过程中常会遇到自身的心理障碍，主要有意识障碍、意志障碍、情感障碍和性格障碍。

所谓意识障碍，指由于人脑歪曲或错误地反映了外在现实世界，从而影响以至减弱人脑自身的辨认能力和反应能力，阻碍着人们对客观事物的正确认识，从而影响事业上的成功。有闭锁型心理障碍的人不愿意表现自己，把自我体验封闭在内心，不愿向他人表现。自卑型心理障碍表现为生理缺陷或心理缺陷，即自认为智力水平低，或家庭、社会条件不如人，而产生的缺乏自信、轻视自己。志向模糊型心理障碍者对将来做什么的理想不明确，没有定向进取的内驱力。厌倦型心理障碍是厌恶一切自己不感兴趣的事情和无能为力的心理状态，存在厌倦心理的人，常常抱怨自己"怀才不遇"，悔恨"明珠暗投"。习惯是由于重复或练习巩固下来的并变成需要的行为方式，习惯形成一是自身养成，二是传统影响。认为不进行自我能力开发也照样过日子，满足于现状是前一种；而求稳怕乱则是后一种。对作用于人的客观事物的价值量进行了不正确的心理评估，形成了一种畸形的价值意识，称为价值观念异变型心理障碍，如把工作分为"三六九等""高贵与低贱"，最突出的表现为贬低自己目前所从事的职业。

意志障碍，指人们在自我能力开发中，确定方向、执行决定、实现目标的过程中起阻碍作用的各种不专注、不坚持、缺乏自制力等不正常的心理状态。主要表现在：没有勇气去征服实现目标道路上的困难，不是主动去征服困难，而是被动地改变或放弃自己长期争取过的既定目标；或者在制定和执行目标时，易受外界社会风潮和他人意向的直接的或间接的影响，而产生一种动摇不定的意志心理状态。表现为确定目标时的"朝秦暮楚"，执行决定时的"三天打鱼两天晒网"。怯懦是一种懦弱胆小、畏缩不前的心理状态，这种人过于谨慎，小心翼翼，常多思虑，犹豫不决，稍有挫折就退缩。

情感障碍，指人们对客观事物所持态度方面的不正确的内心体验。主要表现为麻木情感。麻木情感的产生主要是由于长期遇到各种困难，受到各种打击，自己又不能正确对待和加以克服，以至于对客观外界事物的内心体验界限增高，形成一种内向封闭性的心理态度。它使人们丧失对外界交往的生活热情，放弃对理想和事业的追求。

第六章　超越自我，成就梦想

性格障碍，是指人们在自我开放中常常出现的气质障碍和性格障碍，如抑郁质的人容易表现孤僻乖戾、不善交际的弱点，黏液质的人，容易表现优柔寡断、缺少魄力的弱点，以及多血质的人缺乏毅力，胆汁质的人办事武断、鲁莽等弱点。

很明显，有些人成就不大，不在于智力不足，而在于没有克服自己心理上的弱点和谬见，只有不断向自己挑战，认真对待以上心理障碍，才能取得更大的成功。

跨越障碍的意志力

战国时代的策士苏秦，年轻时有凌云壮志，他先跟从鬼谷子学习谋略，学成后前往秦国游学，谋求秦王赏识，但久久不得如愿。身上盘缠用尽，衣服也已破烂不堪，只好返回故乡，家人见他一副落魄相，都非常讨厌他，父母不出来认儿子，嫂嫂不给他饭吃，妻子坐在织机前继续织布，丝毫不理睬他。家人的冷遇给了他强烈的刺激，但他没有灰心丧气，而是决心发愤钻研姜太公的兵法。他夜晚读书困倦了，便用锥子猛刺自己的大腿，刺得鲜血直流。终于，他取得了巨大的成功。他再次出游，以"合纵"之说大会诸侯，共同对抗强秦。在诸侯会盟之时，苏秦佩六国相印，叱咤风云。

意志在人类生活中有重要意义。人类改造自然、改造世界、创立文明的过程，就是一个意志努力的过程。心理学家对国内外一些在事业上有突出成就的人进行调查研究，了解影响他们成功的心理因素都有哪些，结果发现，他们成就的取得大多不是由于智力的高低，而是由于意志、性格上的特点。一个在事业上立志进取的人，就有可能开拓工作的新局面；一个在学业上持之以恒、刻苦努力的人，总有希望达到科学的巅峰。即便习武练功，要想达到强身治病的目的，也离不开顽强的意志和不怕困难的精神。

"意志力"在心理学中的定义是"控制人的冲动和行动的力量"，其中最关键的是"控制"和"力量"这两个词。"力量"是客观存在的，问题在于如何"控制"它，坚强的意志品质包括以下几个方面的特征：

意志自觉性是人对自己行动的目的和意义有正确的认识，并且能够主动支配自己的行动以达到预定的目的。这种品质反映了人坚定的立场和信念。一个具有自觉性意志品质的人能根据自己的认识和想法独立地采取行动，自觉地排除各种干扰和诱惑，不屈服于舆论的压力，不随波逐流。在学习中，能独立思考，有自己的见解；在工作中，不避重就轻，不推卸责任，主动积极地承担任务，尽职尽责。他们能正确对待自己，虽然不轻易接受外界的影响，但是也不随便地拒绝有益的意见。当遇到困难、危险、挫折和失败时，不灰心丧气，不怨天尤人，而能挺身而出，信心十足地迎接挑战。

意志果断性是指一个人能明辨是非，在紧急关头当机立断地采取决定并执行决定。果断性是以正确认识、当机立断与勇敢行动为特征，以深思熟虑与审时度势为前提条件的。

一个具有果断性意志品质的人，在紧急情况下善于立即采取坚决的措施。虽然他们内心也会充满复杂、激烈的冲突，但在需要行动的时候，当断则断，决不犹豫。

第六章 超越自我，成就梦想

人的意志品质跟人的个性特征有着密切关系。一般来讲，意志薄弱的人在气质上往往是弱型的，在性格上往往是软弱的，在能力上往往是低下的。因此，锻炼意志要和塑造健全、完美的个性特征结合在一起，针对自己的不同个性特点进行意志锻炼。例如，胆汁质和多血质的人灵活易冲动，就应当在自制力上下功夫，努力培养自己忍耐、沉着、克制的意志品质。相反，黏液质的人容易形成坚韧和自制的意志品质，而在果断性、灵活性方面差一些，就应在遇事果断抉择、反应迅速灵活方面有意识地锻炼自己。这样取人之长，补己之短，在塑造良好个性的同时，也锻炼了意志品质。

意志坚韧性是指以坚忍的毅力、顽强的精神为实现目的而努力奋斗，不达目的誓不罢休。具有意志坚韧性的人在困难面前不退缩，在压力面前不屈服，在诱惑面前不动摇。他们具有明确的奋斗方向，即使遭遇失败也决不泄气。坚韧性特别表现在艰巨、困难、枯燥乏味的工作当中，只有在这样的工作中才会显示出坚韧的意志品质。

意志自制力是指善于控制自己的情绪、约束自己的言语，有意识地支配和调节自己的行动。这种品质表现在意志行动的全过程中。在采取决定阶段，自制力强的人能够冷静分析，全面考虑，作出合理决策；而在执行决定时，则善于排除来自体内外的干扰，坚持把决定贯彻到底。

坚强的意志必须依靠内心强烈执着的信念作为巨大的推动力来维持。而信念是人在对未来的希望和向往中产生的。人的愿望、理想越是崇高和美好，产生的推动力量就越是迫切而强烈，意志行动也才越发坚定而持久。所以说美好的愿望、远大的理想是培养良好意志品质的基础。

健康的身体是战胜困难的本钱。应该尽可能地积极参加各种体育活动,这是人们增强体质、锻炼意志的最好活动。形式多样的体育活动不仅带给人健康的体魄、优美的体型,也极大地锻炼了勇敢顽强、灵活机敏、坚韧不拔、吃苦耐劳的意志品质。

培养良好意志品质的方法是多种多样的,只要能坚持上面的基本原则,在锻炼时尽量针对自己的薄弱环节下工夫,就一定能把自己培养成具有坚强意志品质的人。

心理测验十九：意志力

你是否每年都替自己订下大量的计划,如减肥、攒钱旅行……又是否每年能坚持到底？抑或多是半途而废？请做做以下的心理测验。

1. 你正在朋友家中,茶几上放着一盒你爱吃的巧克力,但你的朋友无意给你吃。当他离开房间时,你会——

A. 立即吞下一块巧克力,再抓一把塞进口袋里。

B. 一块接一块地吃起来。

C. 静坐着,抗拒它的诱惑。

D. 对自己说："什么巧克力？我很快就有一顿丰盛的晚餐。"

2. 你发现你的好友未将日记锁好便离开房间,你一向很想知道她对你的评价,你会——

A. 匆匆揭过数页,直至内疚感令你停下来为止。

第六章　超越自我，成就梦想

B. 立即离开房间去找他，不容许自己有被引诱偷看的机会。

C. 急不可待地看，然后责问他居然敢说你好管闲事。

3. 你从朋友的日记中发现了多个秘密，极欲与别人分享，你会——

A. 立即告知别人。

B. 不打算告诉任何人，但会让他知道你已经发现了她的秘密，使她不敢太放肆。

C. 什么也不做，你们能做好朋友，正因为你能守秘密。

D. 努力忘记一切秘密。

4. 你正努力攒钱准备年底去旅行，但你看到了一件非常喜欢的衣服。你会——

A. 不顾一切买下它，宁愿哀求父母借钱给你去旅行。

B. 找一件同样款式但价钱便宜很多的衣服。

C. 放弃它，没有任何东西能阻碍你的旅游大计。

D. 每次经过那店铺时都蒙住眼睛。

5. 你深信自己深深地爱上了他，但他只在无聊时才想起你。在一个狂风暴雨的夜晚，他要求与你见面，你会——

A. 立即冒着雨去找他，纵然数小时也是值得的。

B. 先要他答应以后更好地待你才答应去，他照例微笑着应允。

C. 挂断电话。虽然你很不情愿，但你需要一个更关心你的人。

6. 你对新年所许下的诺言所抱的态度是——

A. 懒得去想什么诺言。

B. 只能维持几天。

C. 到适当的时候就违背它。

245

D. 维持2~3年。

7. 如果你能在早上6点起床温习功课。晚间便有更多时间，令你做事更有效率。你会：

A. 算了吧，睡眠比温习更重要。

B. 虽然每天早晨6点闹钟准时闹醒你，但你仍然赖在床上直至8时才起来。

C. 约在6时半起床，然后淋热水浴使自己清醒。

D. 把闹钟调到5时半，以便能准时在6点起床。

8. 你要在6星期内完成一项重要任务，你会——

A. 限期前30分钟才开始进行。

B. 每次想动手时都有其他事分神，你不断告诉自己还有6星期时间。

C. 立即进行，并确定在限期前两天完成。

D. 在委派后5分钟即开始进行，以便有充足的时间。

9. 医师建议你多做运动，你会——

A. 每天慢步去买雪糕，然后乘计程车回家。

B. 最初几天依指示去做，待医生检查后即放弃。

C. 只在开始的一两天照做。

D. 拼命运动，直至支持不住。

10. 朋友想跟你通宵观看录像带，但你需要明早7时起床做兼职，你会——

A. 看通宵，然后倒头大睡。

B. 视情绪而定。要是太疲倦就告假。

C. 看到晚上9时半回家睡觉。

第六章 超越自我，成就梦想

D. 拒绝，好好地睡一觉。

选 A 得 1 分，选 B 得 2 分，选 C 得 3 分，选 D 得 4 分。

如果你得分在 16 分以下，说明你并非缺乏意志力，只不过你只喜欢做那些你有兴趣的事，对于那些能即时获得满足感的工作，你会毫无困难地坚持下去。你很想坚持你的新年大计，可惜很少能坚持到底。

如果你的得分是 16～28 分，说明你很懂得权衡轻重，知道什么时候要坚持到底，什么时候要轻松一下。你是那种坚守工作本分的人，但遇到极感兴趣的东西时，你的好玩心会战胜你的决心。

如果你的得分在 28 分以上，那么你的意志力简直惊人，不论任何人、任何情形都不会使你改变主意；但有时太执着并非好事，尝试偶尔改变一下，生活将会更充满趣味。

有个人做完这个测验以后这样说："我不知道我是否会是一个成功的人，但我确实很少放纵自己，我也的确为自己有这种能力感到满意。可是我真的觉得有点累，我也想放纵一下，可是我不知道如何去放纵而且不至于一发不可收拾。真矛盾……"大概每个意志力好的人都会有劳累的感觉，因为意志力就是一个主观上对自己的一个强迫行为，可以稍微改变一下自己的生活内容，而不是生活方式，这样就不会担心什么放纵的问题了。

成功需要脚踏实地

老吴是某事业单位的普通干部。他近一年来一直心神不定，老想出去闯荡一番。看着别人房子、车子、票子都有了，他心里

超越自我的人生心理学

慌。炒股赔多赚少就去摸彩票,一心想摸个500万,可结果花几千元连个响都没听着,心里就更慌!后来老吴跳了几家单位,不是嫌这个单位离家太远,就是嫌那个单位专业不对口,再就是待遇不好,反正找个合适的工作对老吴来说真是难啊!后来听说某人很有钱,老吴于是写了信去,说自己很困难,可他们连信也没回,气得老吴又去信大骂了一顿。为此老吴心里也确实感到失衡,但这种恶作剧让老吴解恨呀!老吴对治疗师说:"反正,我心里就是不踏实,好闷得慌啊!"

《孟子·公孙丑上》有则寓言,说的是宋国有个种田人,为了让自己田里的禾苗长得快一些,就下到田里把禾苗一棵一棵地往上拔。拔完回到家,他对家人说:"今天累坏了,我帮助田里的禾苗长高了。"他的儿子听后,忙到田里去看,只见田里的禾苗全都枯萎了。今天用来比喻强求速成反而坏事的成语"揠苗助长",就源于这个故事。

浮躁人做事情往往既无准备,又无计划,只凭脑子一热、兴头一来就动手去干。他们不是循序渐进地稳步向前,而是恨不得一锹挖成一眼井,一口吃成胖子。结果呢,必然是事与愿违,欲速不达。

作为一种心理现象来说,浮躁的内核是人的朴素的、本能的生命冲动和物质欲望,浮躁的深层特点,是重外延轻内涵,重数量轻质量,重表面轻实际,重短期轻长远。它与艰苦创业、脚踏实地、公平竞争是相对立的。浮躁使人失去对自我的准确定位,使人随波逐流、盲目行动,对个人和集体都极为有害,必须想方设法减少和消除这一不健康的心理。

第六章　超越自我，成就梦想

【心理研究：浮躁心理】

在心理学上，浮躁主要指那种由内在冲突所引起的焦躁不安的情绪状态或人格特质，有的心理医生甚至把其纳入"亚健康"之列。

从社会方面上讲，主要是社会变革对原有结构、制度的冲击太大。我国目前正处在社会转型期，在这种情况下，个人就很难把握自己的未来。那些处于社会中游的人患得患失，焦躁不安，迫不及待，就不可避免地成为一种社会心态。

从个人主观方面看，个人之间的攀比是产生浮躁的直接原因。社会的发展变化，使人们的工作、生活等方面都随之发生变化，在变化中有的人较早获得成功，这对一些滞后者有着心理刺激，心理适应力差的人便常常与之攀比，后果往往便是造成浮躁心理。

浮躁的人一般做事无恒心，见异思迁，不安分守己，总想投机取巧，盲动冒险脾气又大。人浮躁了，终日会心神不宁，焦躁不安，脸色会暗淡似灰，眉头会紧锁如川，脑子会呆若木鸡，看谁都不顺眼，逮谁跟谁急，长久下来，就会被生活的急流所挟裹，丧失收放自如的弹性。

浮躁的人自我控制力差，容易发火，不但影响学习和事业，还影响人际关系和身心健康，其害处可谓大矣，所以应该力戒浮躁。怎样才能戒除浮躁呢？我们知道，轻浮急躁和稳重冷静是相对的，因此，力戒浮躁必须培养稳重的气质和精神。

稳重冷静是一个人思想修养、精神状态美好的标记。一个人只有保持冷静的心态才能思考问题，才能在纷繁复杂的大千世界中站得高、看得远，才能使自己的思维闪烁出智慧的光辉。诸葛

超越自我的人生心理学

亮讲的"非宁静无以致远"就是这个意思。我们如能把"宁静以致远"作为自己的座右铭,那定会有助于克服浮躁的缺点。稳重冷静,是事业上成功的一个重要条件。

要树立正确的人生观念。不能崇尚个人主义、拜金主义和享乐主义,要树立正确的人生观、价值观和世界观。遇事善于思考,从现实出发,以平常冷静的心态思考喧闹一时之事。不为时尚所迷惑,不为潮流所左右。"淡泊以明志,宁静以致远",命运掌握在自己手里,道路就在自己脚下,既要站得高、看得远,又要稳得住、做得细。

要有务实精神。对待人生和事业,既要有长远目标,更要注意脚踏实地,务实是开拓的基础,务实是创新的源泉。人生非一朝一夕,应当循序渐进,一步一个脚印,稳步沉着地向前推进。花拳绣腿只能虚张声势,形式主义更于事无补。

《荀子·劝学》有一段发人深省的话:"蚓无爪牙之利,筋骨之强,上食埃土,下饮黄泉,用心一也。蟹六跪而二螯,非蛇鳝之穴无可寄托者,用心躁也。"螃蟹有六条腿和两只蟹钳,自身条件比蚯蚓强得多,但由于浮躁,如果没有蛇和鳝的洞穴就无处寄身。可见,只要心恒志专,即使自身条件差,也能有所成就;反之,自身条件再好,性情浮躁,也将一事无成。

"涓流积至沧溟水,拳石崇成泰华岑。"这一出自宋代陆九渊《鹅湖和教授兄韵》的诗句劝喻人们:涓涓细流汇聚起来,就能形成大海;拳头大的石头累积起来,就能形成泰山和华山那样的巍巍高山。只要我们勤勉努力,脚踏实地,持之以恒,不论自身条件与客观条件如何,都能走上成才建业之路。

第六章　超越自我，成就梦想

剥开虚荣的画皮

　　法国文学家莫泊桑的著名短篇小说《项链》讲了这样一个故事：教育部小职员的妻子玛蒂尔德非常爱慕虚荣。为了让妻子开心，丈夫好不容易弄到教育部长夫妇家庭晚会的请柬。为了出席这个舞会，玛蒂尔德向朋友借了一条漂亮的钻石项链。玛蒂尔德在晚会上出尽了风头，然而晚会后，她不小心丢失了借来的钻石项链。她与丈夫不得不借债购买了一条新项链归还给朋友。夫妻俩含辛茹苦用了十年时间终于还清了债务，玛蒂尔德也变成了一个粗壮衰老的妇女。以至于多年老朋友竟认不出她。出人意料的是，朋友说当初借给她的那挂钻石项链是假的，根本不值钱。

　　真正的成功者，是不会因为某些表面的成就而沾沾自喜的。如果为所成就的事感到骄傲，也应该是心存感恩、健康的骄傲，而非不当得而得的"虚荣"。虚荣心一旦形成，它所结合的诸多不良的心态、习惯和行为，会让你只看得到眼前，却离成功愈来愈远。

　　五十多年前，林语堂先生在《吾国吾民》中认为，统治中国的三女神是"面子、命运和恩典"。"讲面子"是中国社会普遍存在的一种民族心理,面子行为反映了中国人尊重与自尊的情感和需要，丢面子就意味着否定自己的才能，这是万万不能接受的，于是有些人为了不丢面子，通过"打肿脸充胖子"的方式来显示自我。

　　爱虚荣的人多半为外向型、冲动型、反复善变、做作，具有浓厚、强烈的情感反应，装腔作势、缺乏真实的情感，待人处事突出自我、浮躁不安。虚荣心的背后掩盖着的是自卑与心虚等深层心理缺陷。具有虚荣心理的人，多存在自卑与心虚等深层心理的缺陷，只是一种补偿作用，竭力追慕浮华，以掩饰心理上的缺陷。

　　虚荣心强的人往往都不愿脚踏实地地做事，而是经常利用撒谎、投机等不正常手段去渔猎名誉。他们在物质上讲排场、搞攀比；在社交上好出风头；在人格上又很自负、嫉妒心重；在学习上不刻苦。正如法国哲学家柏格森说："一切恶行都围绕虚荣心而生，都不过是满足虚荣心的手段。"

　　虚荣心最大的后遗症之一就是促使一个人失去免于恐惧、免于匮乏的自由；因为害怕羞辱，所以不定时地活在恐惧中，常感匮乏，所以经常没有安全感，不满足；而虚荣心强的人，与其说是为了脱颖而出，鹤立鸡群，不如说是自以为出类拔萃，所以不惜玩弄欺骗、诡诈的手段，使虚荣心得到最大的满足。问题是虚荣心是一股强烈的欲望，欲望是不会满足的。虚荣心所引起的后遗症，几乎都是围绕在其周遭的恶行及不当的手段，所以严格说来，每个人的虚荣心应该都是和他的愚蠢等高。

【心理研究：虚荣心理】

　　心理学认为，虚荣心是一种被扭曲了的自尊心，是自尊心的过分表现，是一种追求虚表的性格缺陷，是人们为了取得荣誉和引起普遍注意而表现出来的一种不正常的社会情感。在社会生活中，人人都有自尊心，人们都希望得到社会的承认，自尊心强的人，对自己的声誉、威望等等比较关心，而虚荣心强的人一般自尊心都很强。

　　对不良的虚荣行为要及时进行自我心理纠偏。如果个人已经出现自夸、说谎、嫉妒等病态行为，可以采用心理训练的方法进

第六章 超越自我，成就梦想

行自我纠偏，这种方法源于条件反射的负强化原理。即当病态行为即将或已出现时，个体给自己施以一定的自我惩罚，如用套在手腕上的皮筋反弹自己，以求警示与干预作用。久而久之，虚荣行为就会逐渐消退，但这种方法需要本人超人的毅力与坚定的信念才能收效。

对于个体而言，人们要及时对自己的虚荣心进行积极的调适。

首先，要树立正确的荣辱观，即对荣誉、地位、得失、面子要持有一种正确的认识和态度。人生在世界上要有一定的荣誉与地位，这是心理的需要，每个人都应十分珍惜和爱护自己及他人的荣誉与地位，但是这种追求必须与个人的社会角色及才能一致。面子"不可没有，也不能强求"，如果"打肿脸充胖子"，过分追求荣誉，显示自己，就会使自己的人格受到歪曲。同时也应正确看待失败与挫折，"失败乃成功之母"，必须从失败中总结经验，从挫折中悟出真谛，才能建立自信、自爱、自立、自强，从而消除虚荣心。

其次，在社会生活中要把握好攀比的尺度。比较是人们常有的社会心理，但要把握好攀比的方向、范围与程度。从方向上讲，要多立足于社会价值而不是个人价值的比较，如比一比个人在学校和班上的地位、作用与贡献，而不是只看到个人工资收入、待遇的高低。从范围上讲，要立足于健康的而不是病态的比较，要比成绩，比干劲，比投入，而不是贪图虚名，嫉妒他人表现自己。从程度上讲，要从个人的实力上把握好比较的分寸，能力一般的就不能与能力强的相比。

再次，从名人传记、名人名言中，从现实生活中，以那些脚踏实地、不徒虚名、努力进取的革命领袖、英雄人物、社会名流、学术专家为榜样，努力完善人格，做一个"实事求是、不自以为是"的人。

最后，要正确对待别人对自己的评价。虚荣心与自尊心是联系的，自尊心又和周围的舆论密切相关。别人的议论，他人的优越条件，都不应当是影响自己进步的外因，决定需要的是自己的努力。只有这样的自信和自强，才能不被虚荣心所驱使，成为一个高尚的人。

心理测验二十：虚荣

你是个爱慕虚荣的人吗？虚荣心影响了你的人生观吗？

1. 你经常停留在商店橱窗前，悄悄欣赏自己的身影吗？
2. 你曾经做过整形手术吗？
3. 你曾经动过整形的念头吗？
4. 你定期花钱保养你的指甲吗？
5. 你喜欢欣赏自己的照片吗？
6. 度假回来时，你会向别人展示纪念品吗？
7. 你很注重衣着打扮吗？
8. 你每天梳头超过三次吗？
9. 你喜欢身上戴着许多装饰品吗？
10. 你偏爱名牌手提箱吗？
11. 你偏爱名牌衣服吗？
12. 跟一个浑身邋遢的朋友走在路上，你会觉得尴尬吗？
13. 你希望自己拥有一些头衔吗？

第六章　超越自我，成就梦想

14. 你花在打扮和保养上的费用超过预算吗？
15. 你喜欢拍摄自己的肖像艺术照片吗？

如果你回答的"是"超过10个，那么无可否认，你是个虚荣心相当强的人。你对自己的外表非常在意，在他人面前，无时无刻不在注意自己的仪容，因为你希望自己永远留给别人最佳的印象。

如果你回答的"是"不到3个，那么你这个人可以说一点虚荣心都没有。即使有些虚荣的人会觉得你很邋遢，但是你一点也不在乎，宁愿把注意力放在重要的事情上，也不愿花许多时间和金钱在虚无的外表上。

虚荣心作为一种普遍心理，已成为人性中根深蒂固、难以根除的心理弱点。那么，有什么方法能够趋利避害，把它利用到好的地方去呢？现代心理学家的研究表明：对于虚荣心，切不可从如何破坏它入手，而应该放在如何改善它、诱导它走向有用的地方去。例如，对富有而虚荣的人，可以让他拿出来一点作为慈善基金，或者经营一项事业使他人多一种安全保障；对才华横溢而虚荣的人，可以让他多为社会做出一些贡献，那么，虚荣这一人际正常交往中的障碍物，就能为人类造福，同时也会为自己的成功加上砝码。

无端猜疑消解人际优势

《三国演义》中有这样一个故事：曹操刺杀董卓败露后，被陈宫所救。陈宫与曹操一起逃至吕伯奢家。曹吕两家是世交，吕伯奢一见曹操到来，本想杀一头猪款待他，可是曹操因听到

超越自我的人生心理学

磨刀之声，便大起疑心，以为要杀自己，于是不问青红皂白，拔剑误杀无辜。杀人后，曹操与陈宫急忙逃命，路遇沽酒回家的吕伯奢，曹操编了个谎话骗过吕伯奢，可还是不放心，将吕伯奢也杀了。陈宫问曹操为什么杀吕伯奢，曹操说出了那句"至理名言"："宁我负天下人，不教天下人负我！"

陈宫听曹操这样说，立刻决定离曹操而去。曹操就这样失去了一个好友和谋士。

怀疑是人的本性，但是过度的猜疑就会构成心理疾病。猜疑是人性的弱点之一，历来是害人害己的祸根，是卑鄙灵魂的伙伴。一个人一旦掉进猜疑的陷阱，必定处处神经过敏，事事捕风捉影，对他人失去信任，对自己也同样心生疑窦，损害正常的人际关系，还会影响个人的身心健康。曹操后来患了"头风"之症，说不定就与他满脑疑虑，心事重重有关。

猜疑者整天疑心重重、无中生有，认为人人都不可信、不可交。如：有的人见到几个同学背着他讲话，就会怀疑是在讲他的坏话；老师有时对他态度冷淡一些，又会觉得老师对自己有了看法等等，成天提心吊胆地学习、生活，内心总有解不开的疑惑，总有摆脱不了的矛盾，活得很累。这种人心有疑惑，不愿公开，整天闷闷不乐、郁郁寡欢。由于自我封闭，阻隔了外界信息的输入和人间真情的流入，便由怀疑别人发展到怀疑自己、怀疑自己的能力，失去信心，变得自卑、怯懦、消极、被动。

【心理研究：猜疑心理】

心理学家在研究妄想症时发现，猜疑一般总是从某一假想目

第六章　超越自我，成就梦想

标开始，最后又回到这个假想目标，并加强对此的认知。在思维逻辑上属于"循环论证"。最典型的例子就是"疑人偷斧"的寓言了：

一个人丢失了斧子，怀疑是邻居的儿子偷的。从这个假想目标出发，他观察邻居儿子的言谈举止，无一不是小偷的样子，思索的结果进一步巩固和强化了原先的假想目标，他断定窃贼非邻居的儿子莫属了。可是，不久在山谷里找到了斧头，再看那个邻居儿子，竟然一点也不像偷斧者。

现实生活中猜疑心理的产生和发展，几乎都同这种封闭性思路主宰了正常思维密切相关。

一个人缺乏对他人的信任，往往同自信不足相联系。疑神疑鬼的人，看似怀疑别人，实际上是对自己有怀疑，至少是信心不足。有些人在某些方面自认为不如别人，因而总以为别人在议论自己，看不起自己，算计自己。一个人自信越足，越容易信任别人，越不易产生猜疑心理。

猜疑似一条无形的绳索，会捆绑人们的思路，使他们远离朋友，如果猜疑心过重的话，那么就会因一些可能根本没有或不会发生的事而忧愁烦恼、郁郁寡欢；有的因猜疑心导致狭隘心理，不能更好地与周围的人交流，其结果可能是无法结交到朋友，变得孤独寂寞。

一般来说，人们对疑心重的人都很反感，常常认为他们是"鼠肚鸡肠"，因疑心很重而搞得人人自危。尤其当自己被人无端猜疑时，火气就更大了。觉得对方简直是个得了"猜疑症"的怪物，不可理喻。从而产生这样的错觉：一个人脑子里储藏那么多怀疑细胞干什么？首先，让自己多操心而费神；其次，

超越自我的人生心理学

又弄得四邻不安，鸡犬不宁。从而又得出一个结论：爱猜疑者，以小人居多。的确，一般人做事总是追求"君子坦荡"，光明磊落的做法，认为做事坦率大方才有君子风度。

猜疑的人通常过于敏感。敏感并不一定是缺点，对事物敏感的人往往很有灵气，有创造力，但如果过于敏感，特别是与人交往时过于敏感，就需要想办法加以控制了。由于猜疑而生误会，伤害了朋友，造成紧张气氛的事在日常生活中也屡见不鲜。为了避免不应有的隔阂和冲突，消除猜疑心理，建立互信关系，应成为人际交往中的准则。

猜疑往往是心灵闭锁者人为设置的心理屏障。只有敞开心扉，将心灵深处的猜测和疑虑公之于众，或者面对面地与被猜疑者推心置腹地交谈，让深藏在心底的疑虑来个"曝光"，增加心灵的透明度，才能求得彼此之间的了解沟通、增加相互信任、消除隔阂、解除误会、使猜疑获得最大限度的消解。

每个人都应当看到自己的长处，培养自信心，相信自己会处理好人际关系，会给别人留下良好的印象。这样，当人们充满信心地进行工作和生活时，就不用担心自己的行为，也不会随便怀疑别人是否会挑剔、为难自己了。

记得一位哲人说过："偏见可以定义为缺乏正当充足的理由，而把别人想得很坏。"一个人对他人的偏见越多，就越容易产生猜疑心理。人应抛开陈腐偏见，不要过于相信自己的印象，不要以自己头脑里固有的标准去衡量他人、推断他人。要善于用自己的眼睛去看，用自己的耳朵去听，用自己头脑去思考。必要时应调换位置，站在别人的立场上多想想。

第六章 超越自我，成就梦想

心理测验二十一：猜疑

你容易心生猜疑吗？回答下面这15个小问题，就可以知道答案。

1. 你怀疑别人在背后说你坏话吗？
2. 你认为每个人都是有目的的吗？
3. 你怀疑许多人逃税吗？
4. 如果事先知道谎言不会被识破，你怀疑很多人都会欺骗别人吗？
5. 你很难信任别人吗？
6. 你不喜欢借东西给别人，因为你怀疑对方不会还吗？
7. 你总是把日记本放别人找不到的地方，还要锁起来吗？
8. 你经常查对银行账单吗？
9. 付完账后，你总会数一下找回的零钱吗？
10. 你不会随便将皮包放在自己看不到的地方吗？
11. 你相信别人随时都可能骗你吗？
12. 一时找不到东西，你会怀疑被偷了吗？
13. 在陌生的城市向人问路，你会问两个以上才确定吗？
14. 如果对方临时取消约会，你会怀疑他的动机吗？
15. 你认为人基本上都是不诚实吗？

选择"是"得0分，选择"否"得1分。

如果你的分数是10～15分，你是个非常信任别人的人。你认为人基本上都是可靠的，当然，你可能会因此而常常失望。有些人甚至会利用你的这种天性而故意欺骗你，不过，像你这样的人通常会活得比较快乐些。

如果你的分数是5～9分，你本来是很信任别人的，然而经验告诉你，这个世界上仍有许多不诚实者的存在，所以你的信任中往往带有怀疑的成分。

如果你的分数是4分以下，你是一个非常多疑的人。这样的情况很危险，严重的话，可能会有偏执狂的倾向。

消除猜疑心理，并不等于做个从不怀疑的"直筒子"。如果不了解事物的真相，或者仅凭第一印象、第六感觉或别人的介绍而不假思索地草率下判断，做结论，是毫无经验和幼稚可笑的。正确的做法是：在下结论、做决定之前，千万不要偷懒，应亲自做实地考察，切身去感受、去体会。事无巨细，全局或局部，自己都应该做到胸有成竹，了如指掌。为此，要不惜花力气去做一切事，不厌其烦地去考证。如果观察十次不够的话，那就接着去，二三十次地观察也在所不惜，总之目标是要使自己掌握一切的信息与数据。

比起单纯地追求所谓的"坦荡君子风度"而言，这种客观的、实事求是的做法显然理智和高明得多。所以，应该怀疑的地方还是要大胆去怀疑，不过不要盲目行事，而是要观察分析，了解真面目，然后方可下结论。

成功路上警惕"红眼病"

古书《酉阳杂俎》中有个著名的"妒妇津"的故事：

相传刘伯玉的妻子段氏嫉妒心很强。刘伯玉曾经称赞曹植在《洛神赋》中所写洛神的美丽，段氏听到后，气愤地说："你凭

第六章　超越自我，成就梦想

什么说水神那么美！瞧不起我？想休了我是吗？我要是死了，还当不上水神？"

后来段氏果真在渡口投水自杀。后人将她投水的渡口称为"妒妇津"，妇女在此渡河的时候都不能浓妆艳抹、衣着华丽，否则就会风浪大作，据说是段氏又开始嫉妒了。

病态心理学将嫉妒定义为：与他人比较，发现自己在才能、名誉、地位或境遇等方面不如别人而产生的一种由羞愧、愤怒、怨恨等组成的复杂情绪状态。嫉妒也就是老百姓常说的"红眼病"，总是只看到了别人比自己优越的方面。

嫉妒是由于别人胜过自己而引起的情绪的负性体验，嫉妒心几乎人人都有，它属于情感范畴，并不是生来具有的。要明确的是，嫉妒是有条件的，是在一定的范围内才会产生，是指向一定对象的，不是任何人在某些方面超过自己都会产生嫉妒，比如某科学家获得诺贝尔奖，一般人只会羡慕而不会嫉妒，地位相似，年龄相仿，经历相近的人之间容易发生嫉妒。

黑格尔说："嫉妒乃平庸的情调对于卓越才能的反感。"凡对优越者的条件或地位持不满心态者，就可能产生嫉妒心理及其相应的行为。嫉妒他人，则可能破坏业已存在的良好关系；受他人的嫉妒，则使自己感受到压力和苦闷，因此，嫉妒是人际交往中的消极因素，对人际关系具有负面影响。为维护人际关系，我们不应嫉妒他人，而应努力改变自己，争取超过他人。然而，随着自己条件或地位的改变，就可能引发他人的嫉妒，这显然是不可避免的。

超越自我的人生心理学

【心理研究：嫉妒心理】

心理医生认为，嫉妒的人会时时拿自己和有某些成就的人相比，不停地在提醒自己的失败，增加自己的焦虑。

一般说来，嫉妒心理分三个层次。程度较浅的嫉妒，往往深深地埋藏于人的内心，不容易被他人察觉。嫉妒的程度再向纵深发展，就会由潜意识层次进入意识层次，开始表现出具体行为，如讽刺、疏远自己嫉妒的对象等等。严重的还有攻击、造谣中伤他人的行为，目的是打击别人，抬高自己。嫉妒发展到这个层次，就需要及时控制。最后是非常强烈的嫉妒，这时人的嫉妒心理已经是一种变态的心理，表现为猖狂进攻、自杀或他杀等，导致的后果是非常严重的。

嫉妒对当事人双方都有害无益。既折磨自己，又折磨他人。严重者会对自己或他人都构成伤害，悔恨终生。

培根说：嫉妒这恶魔总是在暗暗地、悄悄地"毁掉人间的好东西"。它是人生中一种消极的负面情绪，它不仅容易使人们产生偏见，还能影响人际关系。荀子说："士有妒友，则贤交不亲；君有妒臣，则贤人不至。"嫉妒是人际交往中的心理障碍，更是损坏人们身心健康的一大罪魁祸首。所以，要正确看待嫉妒心理，积极地对它进行矫正。

当嫉妒心理萌发时，或是有一定表现时，能够积极主动地调整自己的意识和行动，从而控制自己的动机和感情。这就需要冷静地分析自己的想法和行为，同时客观地评价一下自己，从而找出一定的差距和问题。当认清了自己后，再重新去看待别人，自然也就能够有所觉悟了。

第六章　超越自我，成就梦想

快乐之心可以治疗嫉妒，是说要善于从生活中寻找快乐，就像嫉妒者随时随处为自己寻找痛苦一样。如果一个人总是想：比起别人可能得到的欢乐来，我的那一点快乐算得了什么呢？那么他就会永远陷于痛苦之中，陷于嫉妒之中。快乐是一种情绪心理，嫉妒也是一种情绪心理。何种情绪心理占据主导地位，主要靠人来调整。

通常，在志同道合的人之间，感情融洽或友谊深厚的人之间，很少有嫉妒现象，而是相互鼓励，共享成功的欢乐。只有在关系不正常或相互敌视的状态下，人与人之间才会有嫉妒或幸灾乐祸的现象。因此，发展友谊能减少嫉妒现象。

不过，嫉妒也不是没有正向作用，心理测验结果显示，在成功的人当中，嫉妒心重的人，通常是企图心最强，最能与人一争长短的人。所以能够用积极的方式影响一个有成功倾向的人，激励他们去达到目标。

除了要努力消除自己的嫉妒心理，提防他人的嫉妒可能带来的伤害也是必要的。要消除他人的嫉妒，积极而有效的做法是，对他人的嫉妒并不予理会，不让讽刺挖苦阻挡自己继续奋进的步伐。随着时间的推移，自身条件越来越优越，荣誉和地位将大大扩大自己的影响，而嫉妒者在长期嫉妒无效的情况下，嫉妒言行将渐趋收敛，直至消失。当然，嫉妒者的嫉妒在一定条件下仍可能会有所显露，但对被嫉妒者而言，已不会有多大的影响作用。

奋进者如能豁达大度，一如既往地与嫉妒者进行正常交往，那么，在奋进者的感召之下，或许嫉妒者的嫉妒言行在较短的时间内就能自我收敛，因为有良知的人终究不会长期从事让自己感到内疚的行为。

心理测验二十二：嫉妒

我们可能都有过这样的经验：看到别人成功或获得某些成就，心里却觉得很不是滋味，因为那些成就很可能是我们的，但被别人捷足先登了。这算是一种嫉妒。事实上，心生嫉妒并不是没有好处，因为这是人的天性，企图心旺盛的人，有时还会用这种天性来激励自己。但嫉妒心过重，一味贬损别人，对人对己却都没有好处。

所以，有一点嫉妒心并不坏，但完全不曾嫉妒别人是不是好呢？是不是表示没有企图心，会阻碍自己的成功呢？心理学家设计了一个"嫉妒成功量表"，发现嫉妒心的强弱确实与一个人的成就有关。而在成功的人当中，年纪大和年纪轻的人嫉妒的程度有显著的不同，男人和女人也不相同。

测验共包括20个陈述，各描述不同的情景，请仔细阅读每个陈述，想象身处在当时的情景中，并选一个最能符合你的感觉的答案：

为别人感到高兴	完全不在意	或许有些懊恼	稍有不悦	确实会嫉妒	愤愤不平外加嫉妒	震怒不已
1	2	3	4	5	6	7

全部作答完毕后，再计算出总得分。

1.你的朋友想租房子，你给他建议，并提醒他找房子并不容易，难找也不要气馁，结果他第一天就找到更好的房子，租金也比较便宜。

第六章　超越自我，成就梦想

2. 你的老板出国度假两个月，行程包括你梦寐以求想去玩的日本、欧洲和东南亚。

3. 你的同事娶了一个有钱有地位又如花似玉的娇妻，你发觉你的老板邀请这位同事和他的新婚妻子共餐、欢叙。

4. 你的公司有内部进修课程，老板在最后一堂课出现了，并且问了一个不太好答的问题。你举手想回答，但老板却让其他同事回答，对方的答案平淡无奇，老板却称赞他真正了解了课程的重点。

5. 有一天你发现一位能力远不如你的同事会使用一向令你头痛的电脑程序。

6. 你参加某个有抽奖的聚会，你因为先离席而把奖券给了别人，后来这张奖券中了你一直想要拥有的手提式电脑。

7. 你无意中听到老板告诉一位同事，要他负责一个重要的方案，而这个方案却是你第一个提出来的。

8. 你在公司中一直没什么成就，一位情况和你差不多，也在受苦受难的同事，却继承了一笔意外之财，想提前退休到国外旅游。

9. 你曾经训练出来的一名同事刚刚升官，就要变成你的上司。

10. 你提出了一个设计好、更省钱、功能高的计划，但公司却决定采用另一个一切都较逊色的计划。

11. 你奉命为一个能力不算好的同事收拾残局，所花的功夫可能比一开始就让你负责更多。当你大功告成后，你的同事却抢走了所有的功劳。

12. 你的邻居十分乏味，房子平淡无奇，太太看了令人生厌，却被邀请参加某名人的晚宴。

13. 你辛辛苦苦工作了两年，眼看着就要升到你一直巴望的职务，没想到一个刚进公司才半年，颇有才华又积极进取的小伙子却捷足先登了。

14. 你为了某项长期研究计划而提出经费补助申请，但一位有钱的同事却利用家世取得了补助。

15. 你去拜访一位 10 年未曾谋面，年纪比你大的表亲，结果发现对方看起来比你年轻，身体好像她比你好。

16. 有一个你颇为熟识的人不断地在跳槽，职务都比你好，因为他看起来能力很好。事实上，你知道他是"金玉其外，败絮其中"那类的人。

17. 对于你的工作，你的能力绰绰有余，但每次和上司谈话总觉得有压力，不能完全表达自己并取悦上司。而其他能力差的同事，却能编造好听的故事，讨好并博得上司的欢心。

18. 因为公司经费短缺而冻结加薪，使得你灰心辞职。后来你在一个聚会中碰到你的继任者，发现对方在一年之内加薪四次，原因是和老板建立了某种"特殊关系"。

19. 你自愿在周末加班，希望引起老板注意。周一上班却发现很多同事周末到老板家玩，就是你不在场。

20. 你极力想摆脱一位品行动作可议的熟人，但却发现媒体专栏对他推崇备至。

得分在 20 ~ 47 分，算是得分很低。得分很低者缺乏企图心，对成功倾向于"爱恨交加"。如果你得分落在此组，可能你的不嫉妒是因为强烈的害怕失败，使你面对目标时望而却步、裹足不

第六章 超越自我，成就梦想

前，结果将成功拱手让人。另一方面，你的态度可能是真的反映一种慷慨宽大的世界观。不论属于哪一种，得分这么低都不是成功者应有的特质，严格而言，并不健康。

得分在 48～59 分，算是得分低。得分低的人通常比得分高的人年纪大，这或许是因为我们随着年岁的增长，慢慢学会要更懂得知足。不过，很多得分低的人显示出强烈的害怕成功，并有相当高程度的商业罪恶感。他们体察得到成功必然伴随有责任，可能会使他们不愿去像别人那样成功。容易有罪恶感的人，往往还会觉得有嫉妒的感觉是不对的。如果你得分落在此组，最好弄清楚你不太会嫉妒是因为你安于现状，还是不愿面对事情可能演变的负面反应。

得分在 60～82 分，算是得分中等。这类人通常有强烈欲望想改变现状，觉得嫉妒是一种负面的感觉。对成功而言，这是一种平衡和令人感到舒适的情况。虽然得分中等的人没有很旺盛的企图心和竞争性，却能够稳步前进达到目标，不会因过度的嫉妒为焦虑所苦。

得分在 83～92 分，算是得分高。这种人容易吃醋，企图心和竞争性都很强，若能小心控制，这是相当宝贵的特质。但是如果不加控制，得分高的人往往为了争取别人已经有的，却忘了什么是重要而值得争取的、什么才是自己真正需要的。心理测验结果显示，在成功的人当中，女性的得分高于男性。或许，这反映出她们可能已有自觉：在与男同事一争长短，就要做到"爱拼才会赢"。如果你得分落在此组，只要好好控制你对别人的嫉妒，你的成功是指日可待。

得分在93分以上，算是得分很高。就心理学的角度来看，这很危险。极端的嫉妒会使人无法确定、衡量一个人的价值。如果不真正了解自己的目标，人生就是不断地在反应别人的作为，而不是一连串的自我实现，从某个观点来看，根本就是为别人在活。得分落在此组的人，确实有旺盛的企图心和竞争性，但由于得分太高了，这些特质都带有愤怒和敌意，反而欠缺了成功所需的成熟和控制力。

成功≠完美

有一个小男孩犯了一个错，母亲不断地指责，因为她要为儿子培养完美的品格。这时小男孩拿出一张白纸，并且在白纸上画了一个黑点，问："妈妈，你在这张纸上看到什么？"

"我看到这张纸脏了，它有一个黑点。"母亲说。

"可是它大部分还是白的啊！妈妈，你真是个不完美的人，因为你只会注意不完美的部分。"孩子天真地说。从此，这位妈妈很少指责儿子。

完美主义是一种特殊的心理障碍，它的特殊性在于这是唯一的"积极"心理障碍。但是任何超出必要限度的"积极"都会妨碍人思考能力。同时，这种"积极"的心理障碍比"消极"的心理障碍更难于清除，因为除了天真的孩子，很少有人能够发现它的实际危害。

不能容忍美丽的事物有所缺憾，是人的一种普遍的心态。对许多人来说，追求尽善尽美是理所当然的。他们从未想过，正是

第六章　超越自我，成就梦想

这种似乎无关紧要的态度，给他们的生活带来了巨大的压力。

有些渴望完美的人是出于一种自我保护的需要。根据格式塔心理学的理论，安全感是人的最基本需要之一。假如一个人缺乏自信，生活上屡遭挫折，那么他的安全感就受到了伤害。这种伤害需要通过其他途径来加以补偿。无需仔细观察就可以发现，生活中每干一件事就想把它做得完美的人，并不是一个强者。恰恰相反，这些追求完美者企望毫无瑕疵的结局，只把自己保护起来，免受他人的指责和讥讽。

心理学研究证明，试图达到完美境界的人与他们可能获得成功的机会，恰恰成反比。追求完美给人带来莫大的焦虑、沮丧和压抑。事情刚开始，他们在担心着失败，生怕干得不够漂亮而辗转不安，这就妨碍了他们全力以赴去取得成功。而一旦遭到失败，他们就会异常灰心，想尽快从失败的境遇中逃避开去。他们没有从失败中获取任何教训，而只是想方设法让自己避免尴尬的场面。

【心理研究：完美主义心理】

完美主义是一种人格特质，心理学家巴斯克认为具有完美主义性格的人通常有下列特性：注意细节；要求规矩、缺乏弹性；标准很高；注重外表的呈现；不允许犯错；自信心低落；追求秩序与整洁；自我怀疑；无法信任他人。

哥伦比亚大学的心理学家赫维特曾经把完美主义性格分为三种类型：要求自我型的完美主义者给自己设下高标准，而且追求完美的动力完全是出于自己；要求他人型的完美主义者为别人设下高标准，不允许别人犯错误；被人要求型的完美主义者追求完

超越自我的人生心理学

美的动力是为了满足其他人的期望,总是感觉自己被期待着,时刻都要保持完美。完美主义者的潜意识里会有许多非理性的想法,如"我一定要完美,否则就会让……很失望""这次的问题都是我的错,我应该提前预料到……"

完美主义者往往是以完美作为为人处事的衡量标准和唯一关注点,总是给自己和他人设定过高的标准,当人、事、物令他不满意时,他就会产生不良情绪,甚至厌恶和斥责。过分追求完美的人,内心深处还往往有一种不安全感和自卑感,害怕被别人拒绝或否定;为了避免不完美,他们不惜多花许多时间、气力去做事情,结果降低了自己的生活效能。

很显然,背负着如此沉重的精神包袱,不用说在事业上谋求成功,而且在自尊心、家庭问题、人际关系等方面,也不可能取得满意的效果。他们抱着一种不正确和不合逻辑的态度对待生活和工作,他们永远无法让自己感到满足,每天都是焦灼不安的。

追求完美,害怕失败,只能使人处于瘫痪的境地。如何从追求尽善尽美的诱惑中摆脱出来?心理专家建议,有完美主义倾向的人首先要对自己的潜能有个正确的估计,既不要估得太高,也不必过于自卑。有一分热发一分光。你如果事事要求完美,这种心理本身就成为你做事的障碍。不要在自己的短处上去与人竞争,而是要在自己长处上培养起自尊、自豪和工作的兴趣。

其次要重新认识"瑕疵"和"失败"。没有"瑕疵"的事物是不存在的,盲目地追求一个虚幻的境界只能是劳而无功。曾有人问一位走红的国际女影星是否觉得自己长得完美,她说:"不,我长得并不完美。我觉得正因为长相上的某些缺陷才让观众更能

第六章 超越自我，成就梦想

接受我。"能认识到自己有种种不足并能宽容待之的人，可以说是自信的，心态也是健康的。苛求完美无异于追求痛苦，平庸的人类是世界的主体，人因为接纳生活的平庸，于是感激奇迹，因为感激奇迹而热爱生活。用另一种眼光看待世界时，人们会发现生活豁然开朗。

失败并不能说明一个人价值的大小。如果从不经历失败，我们能真正认识生活的真谛吗？我们也许一无所知，沾沾自喜于愚蠢的无知中。因为成功仅仅只能坚定期望的信念，而失败则给了我们独一无二的宝贵经验。

请你为自己确定一个短期的目标，寻找一件自己完全有能力做好的事，然后去把它做好。这样你的心情就会轻松自然，办事也会较有信心，感到自己更有创造力和更有成效。

实际上，你不追求出类拔萃，而只是希望表现良好时，你会出乎意料地取得最佳的成绩。目标切合实际的好处不仅在于此，它还为你提供了一个新的起点，能使你循序渐进地摘取事业上的桂冠。同时你的生活也会因此而丰富起来，变得富有色彩，充满人情味，并不像你原来所想的那样暗淡。

突破单一能力

很多教育心理学家在研究中发现了"第十名现象"，即学习最好的学生不一定是工作中最出色的人，而学习成绩排在第10名左右的学生，可能会在以后的工作中表现得游刃有余。这种现象说明学习成绩的好坏并不百分之百地决定着一个人是否成功。学习能力只是一种能力，而成功依赖于多种能力的综合作用。

心理学一般认为，能力是帮助人们成功完成各种活动所必需的心理条件。目前，人类所具有的各种各样的能力，并不是从人类出现在这个地球上时就全部具备了，而是在人类社会的漫长发展过程中逐渐产生、发展起来的。

能力从其构成上可以划分为一般能力和特殊能力，从是否能够帮助我们创造出新事物角度上看，还可以分为模仿能力和创造能力。如果从功能角度来划分能力，那么能力就可以被划分为认知能力、操作能力和社交能力。

人的一生大致可分为八个不同的时期，即乳儿期、婴儿期、幼儿期、童年期、少年期、青年期、成年期和老年期。总体来说，在青年期以前，人的能力始终处于比较快速的发展状态中，在青年、成年期达到巅峰状态，而某些能力在老年期不再提高，反而下降。

能力的发展存在着一个黄金期，这个黄金期处于人少年期以前。黄金期是人的能力发展的最佳时期，在这一时期里，人的能力飞速发展。在这一时期对儿童进行适当的能力训练，会促进儿童能力的充分发展；但是，如果在这一时期里，忽视或阻碍了儿童能力发展，那么以后能力的发展就相当困难，甚至终生不再发展。

生物因素是能力成长的土壤，它涉及人与生俱来的感觉器官、运动器官和神经系统等的特性。人在婴幼儿时期的营养状况会影响能力的发展，因为脑和其他神经系统在发育期需要多种营养和微量元素。家庭和学校的教育在能力的形成中起着非常重要的作

第六章 超越自我，成就梦想

用。受过教育比没受过教育的人能力形成得就又快又早。而早期教育对儿童能力的发展尤为重要。比如，很多画家、音乐家、书法家都是出生于艺术世家，很小就受到了艺术方面的启蒙教育。实践活动是能力形成的空间。坚持不懈地参加各种社会实践，会使相应的能力得到高度发展。整天和油漆打交道的油漆工人，发展了辨别油漆颜色的能力，甚至能分辨出 4000～5000 种不同的颜色，这是常人难以做到的。

【心理研究：多元智力理论】

多元智力理论是由美国的心理学家加德纳提出的。他对大脑受到损伤病人和特殊的智力群体进行研究后，认为人类的神经系统已经形成了互不相干的多个智力区域，也就是说智力是多元的。他认为人的智力由七种相对独立的智力成分构成，这些系统也可以相互协调共同工作。

言语智力：阅读、写文章或小说、日常会话的能力，由大脑额叶的"布洛卡区"负责。

逻辑－数学智力：数学运算与逻辑思考的能力，由大脑的左半球来掌管。

空间智力：认识环境、辨别方向的能力，比如查阅地图等。大脑右半球掌管着对空间位置的判断工作。

音乐智力：辨别声音与表达韵律的能力，大脑右半球掌管。

身体运动智力：支配身体完成精密活动的能力，由大脑运动神经中枢控制。

社交智力：指与人交往和睦相处的能力，大脑额叶负责人际关

超越自我的人生心理学

系知识的管理工作，这一区域受到损伤，会使人性格发生很大变化。

自知智力：认识自己，并选择自己的生活方向的能力，由大脑额叶来管理。

能力发展水平有差异，同一年龄阶段的人的聪明程度是有很大差别的。通过智力测验，心理学家们可以了解人们能力发展水平的这种差异。例如智力水平，从整个人群来看，人的智商差异很大，高的可达150分甚至200分以上，低的只有20左右。但这种差异是有规律的，即智商中等水平的人最多，越偏离中等水平人越少，而且向上偏离和向下偏离的人数基本上是对称的。

人的不同方面的能力也是不同的。比如，有的人视觉敏锐，擅于观察；有的人听觉发达，反应迅速；有的人善于推理，思维缜密；有的人记忆超群，过目不忘。并且，人们的特殊能力也有很大不同。有的人精通绘画，有的人专长音乐。而且，即使同样在音乐方面能力出众，表现得也不一样，有的人节奏感强，有的人曲调感精细，而有的人却是听觉表象力丰富。

人的能力发挥出来有早有晚。有些人年少时就显露出卓越的才华，这称为"早慧"，这种情况在音乐、绘画、艺术领域中尤为常见。另一种情况叫"大器晚成"，这些人直到中年才崭露头角，表现出惊人的才智。

心理学家们在长期的研究工作中，制造出了很多测量人能力的"尺子"——能力测验。这些能力测验可以根据能力的分类而划分成一般能力测验、特殊能力测验和创造力能力测验。通过这些测验，你就可以了解自己的能力状况，找到薄弱环节和突破的方向。

总结性测验

心理测验二十三：成功可能性

这个测验能够探测出你有多少成功的希望。它可以指导你的思想进入你所希望的渠道，指明你在成功的路上现在所处的位置，帮助你确定你该向何处去，估量你到达你所向往的目的地的可能性，指明你现在应有的心态和其他特点，并且激励你用积极的心态去行动。

请你回答下列问题，如答"是"得1分，"否"得0分，最后将分数合计出来。要测得准确的结果，必须如实回答。

1. 若发觉自己错了，是否勇于道歉？
2. 遇到困难是否越斗越勇？
3. 与恋人幽会时碰见自己的朋友，是否会正式介绍一下？
4. 当天必须完成的工作，是否会拖延到第二天？
5. 约会时如果心情欠佳，是否会失约？
6. 对初次见面的人，是否会毫无顾忌地打开话题？
7. 对某方面不如自己的人是否轻视？
8. 对毫无结论的议题和会议，是否设法离开？

9. 对自己的才能，是否喜欢逢人夸奖？

10. 对自己的所有服装是否要求整齐？

11. 对自己不懂的事物，是否会不耻下问？

12. 能按固定的比例节省你的收入吗？

13. 失败后是否会反省而不耿耿于怀？

14. 对社会问题是否议论起来就慷慨激昂？

15. 对朋友的忠告，是否接受？

16. 每夜都睡得很充足吗？

17. 听到朋友出人头地，是否产生竞争心理？

18. 对受到好评的书，是否买来一看？

19. 为工作而牺牲与朋友的约会，是否认为是没有办法的事？

20. 别人交给自己的工作未能顺利完成，是否有尽量完成的欲望？

21. 由于不高兴而发脾气，是否能很快忘掉？

22. 对已着手进行的工作，是否不喜欢半途而废？

23. 是否是非分明？

24. 对朋友的邀请，除非有要事，都会接受吗？

25. 有困难时是否不喜欢依赖人？

26. 答应了别人的事，是否想办法完成？'

27. 被人说闲话，是否不理睬他？

28. 你对自己目前的工作是否有自信心？

29. 不管周围多少吵闹，也能集中精神工作吗？

30. 是否无论如何也想出人头地？

得23～30分的人，才能出众而志向远大，是个了不起的人。

总结性测验

作为一个初入社会的新手,可能精力旺盛,工作出色,如果你能随时提醒自己,其前程不可估量。

得 19 ~ 22 分的人,家人、邻居、同事及上司都称赞你,因为你勤恳踏实,对工作认真负责,将来在事业上也能成功。

得 15 ~ 18 分的人,只要有个好的引导者,将来可成大器,但过程或许稍慢些。有一定的实力,到社会上去锻炼几年,也可以闯出一片天地。

得 9 ~ 14 分的人,性格懒散,不求上进。应该奋发有为,以求自立,否则将来一事无成。

得 0 ~ 8 分的人,应多多学习,同时不与以前的朋友来往,结交几个正派的朋友,定会有所帮助。

分数高,不必沾沾自喜,分数低,也不必懊恼,因为测试结果并不是不可改变的。它可以作为你努力程度的一种评判标准,然而并不限于此。寻找你特殊才能的领域,找准前进的方向,你的前途就在你的面前:你的能力、你的思想和控制你的情绪。